CAT

猫咪的健康吃出来

好味小姐（Lady Flavor） 著

U0395824

中国轻工业出版社

第一本猫与猫奴共享的鲜食料理书

猫咪吃得健康不生病才是猫奴的首要任务

做鲜食宠爱你的毛小孩

记得"蛋卷"爸爸第一次就诊坐在候诊区的样子，医生诊疗后说明了蛋卷目前的状况及治疗方向。蛋卷爸爸很是烦恼，蛋卷因为疼痛而食欲不佳，体重直线下降，目前在猫咪临床上最怕的就是食欲降低后继发代谢性疾病，严重的病程可能会致命。

蛋卷爸爸通过精心调理软式鲜食及适当的药物治疗后，蛋卷的体重先是持平，然后回升，甚至达到可以手术的理想状态。目前蛋卷爸爸烦恼的其实是蛋卷可能会因为食物太好吃而体重与日俱增。

现代的家猫多数会面临饮水量不足的问题，长期饮水量不足的情况先是会影响肾脏和泌尿道状态，接着会加大患病的可能性。通过该书中的计算方法可以简单地算出家里猫咪所需的每日喝水量，计算后你会惊讶地发现其实光靠猫咪去舔两三口水，怎么可能够呢。所以各式各样的让猫咪喝水的方法及商品不断出炉，但你会发现，多数猫咪是三分钟热度，刚开始还好奇地多喝几口，后来便只在辛苦从国外网购回来的喷泉前面发呆。

这时候鲜食就是猫咪的健康好帮手，通过好吃的食物进而可使猫咪摄取更多的水分，因为新鲜食物中含水量非常丰富，加上调理时添加的水分，猫咪大口吃美味鲜食的同时也把水分通通吃下了肚!

鲜食是宠物食物的一部分，可以增加人的生活趣味及促进与宠物之间的感情，把爱加进去何尝不是疼爱宠物的好方法。不只猫咪们吃得开心，我们更开心，不是吗？从蛋卷日渐健壮的体态看得出，是鲜食滋养了他。

鲜食的食材选择和烹煮方式，也可以根据猫咪的身体状况加以调整。猫咪发生口炎状况下较不喜欢坚硬的饲料，这时候就可以软鲜食来增加食量。利用鲜食给予水分，在猫咪患下泌尿道综合征时就是很好的辅助治疗。猫咪患肾病时不但食欲大幅降低且需要增加饮水量，鲜食的香味及富含水分的食材就可以帮助猫咪克服这种不利的状况，提高其食欲及增加水分的摄取。

但因为目前我们人类吃的食物有些种类跟调味方式不能给猫咪吃，所以制作鲜食的食材选择及烹饪方式非常重要。从该书的食谱中可以看到，每道精心调制的食物不仅在热量上计算合宜，营养成分等也做了考虑。烹调简易，甚至家里没厨房的情况下，一只电饭煲就可搞定。你想看到猫咪饥不择食吗？照着书做一份就是了！

欧阳铭文

台湾欧阳动物医院院长

Preface 作者序
和猫一起体验鲜食的美好

"我很忙，但我也想让猫主子吃鲜食！"
从这个小小的愿望开始，我踏上了学习与制作猫鲜食的道路。

忙碌生活与猫不赏脸，这或许就是刚做鲜食的猫爸妈们会遇到最大的问题。我也不例外，除此之外，猫咪不吃而造成食材浪费也让我好心痛。正是这个原因让我开始思考，是不是有更适合现代人生活的转食方法，降低猫咪与猫爸妈的压力，于是我开始设计人、猫都可以吃的鲜食料理。在悠闲的周末，做一些简单、营养、健康又可爱的小餐点与猫咪分享，让猫咪慢慢习惯鲜食，我也从中逐渐了解了猫咪的口味喜好，慢慢累积做猫鲜食的经验与知识，当猫咪对鲜食渐渐习惯之后，转食也就不是那么困难的事了。每一次做点心的约会，都让我更了解最爱的猫主子们。许多有趣而美好的经验，也在与猫做鲜食的过程中发生。

"短裤"，是一只很有个性的小傲娇，也是在转食期里最让我头痛的主子。他一开始很挑食，坚持不吃任何东西的毅力令人无奈，但是在反复地尝试后，我才发现短裤并不是不吃鲜食，而是他对食材的喜爱程度非常极端。短裤喜爱的食材排行：鱼肉＞鸡肉＞＞＞牛肉。刚开始只要碗里有牛肉，都会被短裤精准地挑出来丢在地上，相反的，只要有鱼肉，尤其是鲷鱼肉，短裤都会在碗一放好的瞬间秒光。为了让他均衡饮食，我试着把牛肉剁碎，加到他最爱的鲷鱼里一起给他，几次之后，现在他对牛肉已经不再这么深恶痛绝了，偶尔心情好或是牛肉煎炒得香喷喷的，反而会吃得津津有味，这也让我相信挑食猫也能有不挑食的一天！

"蛋卷"则是去年来到我家的中途猫咪，他是一只典型的自带肥胖基因的橘猫。当时为了要拍摄公益影片《大猫奴计划》而去拜访"中途之家"的爱妈。没想到刚进门不到五分钟，蛋卷就跳到我腿上打呼噜，瞬间融化了我的心！回去想了一整晚他萌萌的脸，隔天立刻前往中途领养他，他便正式成为我家的一员。他超级亲人的个性，很快就成为大家公认的公关猫呢！虽然橘猫比较爱吃，但是要从干食吃到饱改成吃鲜食还是需要适应的，蛋卷刚来的前几周，我准备周末鲜食小点心跟他分享，一开始他的兴趣并不高，后来实验性地将干饲料配上鲜食，蛋卷吃了一口就爱上了，这才发现原来他只是不知道鲜食可以吃！我便积极地变换各种食材给蛋卷尝试，发现蛋卷最爱的竟然是甘薯，还会偷偷把我的烤甘薯咬走躲起来吃！

"麻糊"是在今年四月从废弃汽车底下捡回来的瘦弱小女生。刚到家里的时候，体内有猫疱疹病毒，虽然已经出生约两个月大，在营养不良的状态下，她的体重只有五百克，是一般健康小猫的一半，情况很让人担忧。但是个性乐观亲人的麻糊，却在到家的第一个晚上，就爬到我怀里睡着，真的让人感到很温馨。按照医生的建议以及我细心的照顾，加上麻糊乐天派性格，猫疱疹终于痊愈了。现在，她也长成一只漂亮又爱撒娇的小贪吃鬼了！她最喜欢吃鸡蛋，每次有蛋的料理都让芝麻糊在一旁心急得喵喵叫。看着等待饭食时穿梭的小身影，让做鲜食的过程都欢乐了起来！

通过一次次的美食交流，不但让我在生活中得到许多和猫咪们互动的有趣经验，这些美好的回忆片段，都已成为我生活中继续努力的小小动力。希望通过本书的分享，能让更多猫爸妈用最简单有趣的方式和家中的主子们一同体验鲜食的美好。

Lady Flavor

好味小姐.

Contents 目录

Chapter 1
鲜食教我的事

为什么要吃鲜食
对食材来源有信心 / 水分摄取量的安心　014
饮食多样化的保险　015

猫鲜食怎么吃出健康来
猫一餐所需养分比例　022
热量计算　023 / 饮水量建议　024
猫咪的禁忌食物　025 / 猫鲜食必需的营养品　027

转鲜食慢慢来
勇敢开始，人与猫共享的鲜食餐　030
渐进式转食　031 / 对付挑食猫的小技巧　032

Chapter 2
动手做鲜食

Part 1
超简单新手入门鲜食

厨具准备好　038
食谱使用方法　040

鸡与蛋——猫咪的最好与最爱
鸡肉选购与保存　046
鸡蛋选购与保存 / 内脏也是好食材　047
食谱 蛋卷的蛋卷　049 / 鸡蛋杯　053 / 小猫饭　057
月半猫烧　061 / 暖暖浓汤　065

牛肉——富含铁与锌
选用牛肉部位介绍　070 / 牛肉选购与保存　071
食谱 被窝卷　073 / 大猫肉排　077 / 满满牛肉卷　081
猫的罗宋汤　085

水产海鲜类——富含牛磺酸与欧米伽-3 脂肪酸
养殖鱼类：鲷鱼 / 深海鱼类：三文鱼与扁鳕（大比目鱼）　090 /
新鲜白虾　091
食谱 小花圃煎饼　093 / 鱼包蛋　097
蒸一张床　101 / 海岛浓汤　105

果蔬类——富含维生素、矿物质与膳食纤维

根茎类蔬菜 / 其他蔬菜 112 / 水果 113

食谱　菜丸子　115 / 猫式萝卜糕　119 / 麦克猫鸡块　123

　　　甜甜骰子　126 / 黄瓜与虾　129 / 小森林时光　133

香浓添加品——奶类与油类

适合猫咪的奶制品 / 适合猫咪的油类 138

食谱　小绿沙拉　140 / 奶味夹心　143 / 地中海沙拉　146

Part 2 主题式进阶鲜食

边吃边玩

食谱　被藏起来　叠叠三文鱼　151 / 明月汤　155

　　　跑来跑去　滚滚南瓜　159 / 猫珍珠丸　163

　　　被包起来　哞哞番茄　167 / 大根饺子　171

　　　　　　　猫的恐龙蛋　175

生日好味

食谱　小心机布朗尼　181 / 沐夏千层　185

　　　提拉米喵　189 / 大云朵泡芙　193

节庆鲜食

食谱　庆端午　喵呜猫粽　197

　　　乐中秋　猫猫圆月饼　201

　　　万圣趴　没糖果南瓜派　205

　　　圣诞节　圣诞花环　209

　　　过新年　年年有金鱼　217 / 猫不醉鸡　221

　　　　　　猫咪好彩头　225

营养满点—— 一周食谱帮你配 228

Index 附录

一、猫咪热量需求表　230

二、肉类食材热量参考表　230

三、果蔬类、奶类、油类食材热量参考表　231

为什么要吃鲜食

猫鲜食怎么吃出健康来

转鲜食慢慢来

为什么要吃鲜食

你家里是不是也有个挑食不喝水的主子呢？当初开始做猫鲜食，就是因为"短裤"在长期吃配方干饲料以后，变成了连罐头都不吃，几乎不喝水的重度挑食猫。在身体检查出现抵抗力下降的问题后，我决心让猫咪建立健康的饮食习惯，所以踏上了猫鲜食的道路！

转吃猫鲜食的过程也会有挫折，并不顺利，但是靠着坚持与一些小技巧，现在家里的"短裤""蛋卷""麻糊"都吃全鲜食啦！吃鲜食给猫咪带来许多好处，最棒的就是"两个安心，一个保险"。

1 对食材来源有信心

我们真的知道猫咪都吃了什么吗？你试着拿起一颗干饲料，仔细看看，你看得出来这是用什么东西做的吗？如果你够勇敢，试吃一颗，你吃得出那复杂的腥味与香味（对，我吃过很多）是来自什么食材吗？

我们真的没办法了解干饲料，我们对饲料、罐头的理解，只能依靠成分表上的鸡肉、三文鱼、牛肉、粗蛋白、粗脂肪等苍白的名词，但是究竟是用了哪一种鸡？什么部位的肉？食材新鲜吗？健康吗？其实都无从得知。依赖饲料，等于把猫咪的健康交到饲料企业的手中。亲自做鲜食，我们就能用眼睛看到，用手摸到真真切切的食材，食材的新鲜与否、来源是否安全，一切都在掌握之中，我们还能针对猫主子的口味、营养需求，在鲜食中做不同的搭配。心爱猫咪的饮食健康，让我们自己来把关！

2 水分摄取量的安心

猫咪是天生不爱喝水的动物，原始的猫科动物生活在干燥的非洲地带，那里并没有充足的饮水，它们自古就是从每餐的食物中去摄取水分，而配合这种生活方式，猫咪的肾脏其实是相对耐旱的，不需要太多水分就能维持肾脏功能，这也让猫咪更不需要主动喝水，更能忍受长期的缺水环境，但这样的生理设计在现代家猫身上就出现了肾病危机，商业干饲料为了能长期保存，水分含量都在10％以下，相比新鲜肉类的70％含水量，当我们以干饲料取代新鲜食物作为猫咪主食时，猫咪就无法从食物中获取足够的水分。长期下来，猫咪的肾脏疾病、肾衰竭已经高居家猫死因的前三名，即便是耐旱的猫咪肾脏，也禁不起餐餐干饲料的缺水生理环境。

一只体重普通的猫咪，如果以干饲料为主食，一天要主动喝200毫升以上的水，大约等于一马克杯的量，很少人家里的猫咪会一天喝一马克杯的水吧。所以说，以干饲料为主食的猫咪，都长期处于身体缺水的状况。而吃猫鲜食，能从根本解决这个问题，每样新鲜的食材里，都有70％以上的含水量，每一餐猫咪都在摄取大量的水分，而从食物中摄取的水分，更能够充分地被猫咪身体利用，改善猫咪的缺水问题。

当初我就是因为担心短裤的饮水问题而接触猫鲜食，短裤是一只从不碰水碗的傲娇猫，当时吃干饲料作为主食，除了日益严重的挑食问题，年轻的他体检时竟然开始出现因缺水而出现尿蛋白上升的状况。我一直担心他饮水不足，直到后来下定决心开始做鲜食，看到猫砂盆里开始出现巨大的猫砂球，对他饮水量的担心才终于放下来，他的各项身体指标也开始改善，从此以后，只需担心猫砂不够的问题了。

3 饮食多样化的保险

在猫咪饮食单一化的现在，我们几乎忘了维持多样化的饮食习惯是多么重要而且珍贵的事，这是一个保险，让猫咪能度过身体各种突发状况的保险。而我幸运地在养成吃猫鲜食的习惯中获得了这种保险，并且帮助蛋卷渡过口炎危机。

做猫鲜食给猫咪吃，不但能摄取足够的水分与健康的食材，更重要的是让猫咪改掉挑食的坏习惯。野外的猫咪，是以多样化的爬虫类、鸟类、鼠类、昆虫作为食物来源，猫并不是天生就挑食的，挑食是现代商业饲料带给猫咪的偏见与陷阱，从出生就只吃过干燥、充满复杂香气的颗粒，怎么会知道鲜嫩的鸡肉、肥美的牛肉是食物呢？养成多样的饮食习惯，猫咪能在未来的生活中多一层保障，在意外生病或是怀孕、年老时，能配合身体需求，接受饮食上的改变，帮助猫咪渡过难关、保持健康。而回头想想，一生只吃干饲料，没有吃过各种美味的鲜食，真的很可惜啊！

现在的蛋卷是只无牙猫，蛋卷在"中途之家"时就有轻微的慢性口炎问题，后来被诊断为"淋巴球性浆细胞性牙龈口腔炎"，就是身体的免疫细胞会持续攻击口腔牙龈附近的组织，造成溃烂发炎，是一种好发于短毛猫的不治之症。发作时猫咪会因牙龈疼痛导致食欲下降，影响体重和身体机能，我们知道后就持续地帮蛋卷刷牙，并且注射类固醇进行控制，但是蛋卷的病情还是在2016年年中开始恶化，食欲下降，体重也从5千克掉到4.3千克。在医生的建议下，决定帮蛋卷进行后排牙齿的半口拔牙手术，但是在动手术前，希望能帮蛋卷增加一点体重，以便应付拔牙后的恢复过程，通常这时会继续施打类固醇帮助猫咪恢复食欲，不过蛋卷在长期的类固醇治疗与体质因素下，类固醇的效果已经不明显了。我们真的不知如何是好，该怎么样才能让蛋卷在食欲不佳的状况下还能增加体重？

　　这时我才发觉，让猫咪吃鲜食，养成能接受多元饮食的习惯是多么的幸运。我开始试着将蛋卷的鲜食餐替换成较高脂肪的食材，用鸡腿肉取代鸡胸肉，牛小排取代牛腿肉，增加每单位鲜食餐的热量，并且将猫食做成肉泥、肉汤，降低食物刺激伤口的不适感，蛋卷这时已经吃全鲜食超过半年了，对各种食材以及鲜食形态都有较高的接受度，在我亲手喂他几次后，他开始愿意主动地吃肉泥与肉汤，慢慢地配合药物控制，蛋卷的体重在一两个月内上升到4.9千克，符合医师对手术条件的要求。

　　手术的过程与术后的照顾比想像中还要困难，手术后嘴巴里大面积的伤口让蛋卷好几天都不愿意吃饭，体重也在迅速下降，术前帮他增加的体重发挥了很好的缓冲作用，提供了术后复原的体力，在经过数周的恢复期后，蛋卷的口炎伤口慢慢痊愈，食欲也恢复正常，配合鲜食餐的食补，体重慢慢上升到5.5千克了！连医生都为蛋卷的顺利康复感到惊喜，要拍蛋卷的体重照留念呢！现在蛋卷每天都大口地吃着鲜食，跟正常的猫咪一样，只是慢慢发胖了，这是大病过后的幸福肥吧。

蛋卷 ▶ 3岁 / 男生 / 好味型男

曾经是流浪汉，所以喜欢羽毛逗猫棒

兴趣：挖零食、吃壁虎、喜欢整天散步
工作：形象拍片代言、公关接待
食物：爱牛肉、各种蔬菜，最爱甘薯，会
　　　抱着一直啃
技能：喜欢跟人磨鼻子，可以背翻肚让人摸摸
傲娇：催吃饭会一直叫，有人陪才肯睡觉

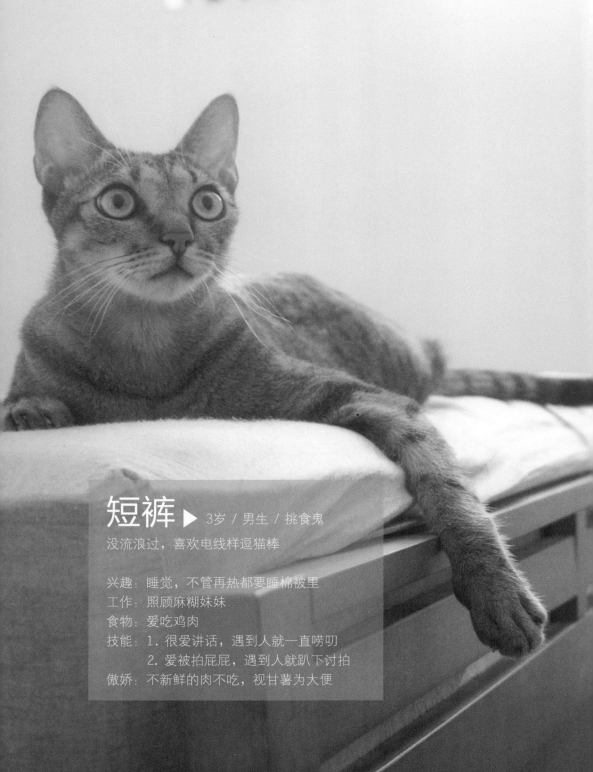

短裤 ▶ 3岁 / 男生 / 挑食鬼
没流浪过，喜欢电线样逗猫棒

兴趣：睡觉，不管再热都要睡棉被里
工作：照顾麻糊妹妹
食物：爱吃鸡肉
技能：1. 很爱讲话，遇到人就一直唠叨
　　　2. 爱被拍屁屁，遇到人就趴下讨拍
傲娇：不新鲜的肉不吃，视甘薯为大便

麻糊 ▶ 六个月 / 女生

兴趣：玩短裤哥哥尾巴
食物：爱吃三文鱼、爱喝浓汤
技能：只有肚子饿了才会叫
好孩子：不挑食，什么东西都大口吃掉

猫鲜食怎么吃出健康来

　　准备来做猫鲜食喽！在动手之前，必须先了解猫咪需要怎么样的营养，人类和狗狗是杂食动物，而猫咪则完全是肉食动物，身体的营养需求、食物利用与消化的方式都与杂食动物很不一样，先理解猫咪饮食相关知识，然后才能做出营养均衡的猫鲜食！

1 猫一餐所需养分比例

　　猫是完全的肉食动物，所以适合猫的营养来源是以肉类为主，猫咪的鲜食餐中，应以80%～90%的肉类和10%～20%的淀粉、蔬果等佐料组成。而肉类实际是由蛋白质与脂肪组成，猫咪一天中的热量摄取，应有50%～80%来自蛋白质、20%以上来自脂肪，少许来自淀粉、蔬果等糖类。

　　要掌握这个看似复杂的比例其实并不困难，总体而言，只要猫咪的鲜食餐食材是以脂肪适中的肉类为主（如去皮鸡腿肉、牛后腿肉）就能大致符合这个比例，而如果使用脂肪较少的食材（如去皮鸡胸肉、鸡里脊肉），则要记得适当地加入橄榄油、无盐奶油等优质油品以增加脂肪摄取量。在本书中的每个食谱，都会计算每道鲜食的营养比例，给猫咪均衡的饮食。

　　与热量的计算一样，我们其实不必太执着于数字的计算，给自己造成太大的压力，这些计算公式只是提供一个方便的鲜食参照而已，要记得每只猫咪都有很大差异的，像短裤就不喜欢油腻的口感，所以短裤的鲜食餐会尽量使用较瘦的肉类，脂肪含量偏低，而蛋卷喜欢油润的食材，但是吃多又容易发胖，需要控制每餐份量，这些猫咪的特性都是要在实际做鲜食的过程中慢慢发觉的，只要我们开始动手做鲜食，观察猫咪的饮食喜好与习惯，记录它们的体重变化，慢慢就能调整出适合每只猫咪的专属鲜食标准，这才是真正适合你猫咪的准则，而发掘的过程，也是给猫咪做鲜食的乐趣之一哦。

② 热量计算

猫咪一天要吃多少才够呢？大概是猫鲜食新手爸妈遇到的大问题，其实简易的计算方式很简单，方法就是：

RER（猫咪休息时需要的热量）×猫咪系数 = 猫咪一天所需热量（千卡）

首先，计算猫咪RER的简易公式为：

$$[\text{猫咪体重（千克）} \times 30] + 70 = \text{RER（千卡）}$$

以5.5千克的蛋卷为例，他的RER为：

$$[5.5 \text{（千克）} \times 30] + 70 = 235 \text{千卡}$$

接下来将RER乘以猫咪系数（代表猫咪的体重状况与生活习惯）：

1岁以下幼猫	2.5×RER
已结扎普通成猫	1.2×RER
未结扎成猫或已结扎好动猫	1.4×RER
微胖懒猫	1×理想体重RER
过胖减肥猫	0.8×理想体重RER

蛋卷是只大猫，5.5千克是很标准的体重，体型适当，平常喜欢散散步与睡午觉，所以我们将他的RER乘以已结扎平均成猫的系数 1.2：

$$235 \text{千卡} \times 1.2 = 282 \text{千卡}$$

我们就知道蛋卷一天需要282千卡的热量了！

（本书附录提供简易的猫咪热量需求表）

以上公式能计算出猫咪一天所需热量的大概数字，但是猫主子并不是机器猫，每只猫主子特有的个性与独特的生活习惯都会让它们每天所需的热量不尽相同，也许整天睡午觉的懒猫其实每晚都在家里狂奔，也有整天爱睡觉但就是吃不胖的猫主子。建议大家不用太执着于热量需求的数字计算，以这个简单公式为起点，每周观察猫主子的活动量与体重变化，调整猫主子的鲜食份量，从实际生活中调整，一定比公式更符合猫主子的需求！

摄取水分是猫咪饮食中重要的一环，猫咪每日所需水分的摄取量可由下列公式计算出：

> ## 猫咪体重（千克）×60 ＝每日所需水分摄取量（毫升）

像5.5千克的蛋卷一天就需要摄取330毫升的水分才足够，猫咪每日摄取的水分包含"食物中的水分"＋"代谢水"＋"饮水"三个来源。比较特殊的"代谢水"，指的是身体消化食物中的蛋白质、脂肪时产生的水分。

鲜食使用的新鲜食材，通常包含70％以上的水分，让猫咪在每天的餐食里就能摄取大量水分，加上代谢水与少量的饮水，能充分满足猫咪每天的水分需求。

蛋卷每天的鲜食餐中，包含约250毫升的水分，并在消化过程提供约20毫升的水，等于在吃饭过程中，蛋卷就能摄取每日所需水分的80%，相比之下，干饲料只能提供每日所需水分的15％！再加上我们常常在鲜食餐里做汤类的料理，可提供更多的饮水，让猫咪的水分摄取不再需要担心。

4 猫咪的禁忌食物

有些人觉得好吃的食物，对猫咪的身体来说是不好的，甚至有毒的！但是也不用因此而害怕，猫咪不能吃的东西，都有一些共性，只要稍加注意，就可以避免猫咪吃到不适合自己的东西。

罐头、腌制物

人吃的各种罐头、脆瓜、面筋等盐渍、甜渍物，都不适合猫咪。高糖、高盐是腌渍物的必要条件，而这些成分容易造成猫咪内脏代谢负担过重。注意猫咪容易把这些罐头跟它自己的罐罐搞混，对罐头产生高度兴趣，小心不要败在猫咪的撒娇攻势下。

香辛料

洋葱、葱、蒜等香辛料容易造成猫咪贫血及相关并发症，而葱、蒜却是我们日常生活大量使用的食材，所以最好有一套做猫鲜食专用的砧板，以免猫鲜食被我们砧板上的残留物污染。

巧克力、咖啡与茶

会影响猫咪中枢神经，造成心律不齐甚至休克！

果实种子

苹果、桃、梅子等水果的种子都含有氰化物，可造成头晕、呕吐等中毒症状。

葡萄与葡萄干

曾有猫咪误食而造成肾脏衰竭与中毒反应的案例。

牛奶

猫咪大多喜欢浓郁的奶味，只是猫咪与人类一样会患有乳糖不耐受症，直接喝牛奶容易造成腹泻，但是去除乳糖的奶制品是可以吃的，不过应注意应食用低盐或无盐、无调味的。

还有些食材，因为互联网谣言与一知半解的信息传播，被误解成有毒的食材，而实情并非如此，如以下几类食材。

柑橘类

橘子、柠檬、柚子会让猫中毒？其实是柑橘类果皮中的柑橘油会造成猫咪刺激与过敏。在鲜食中使用柑橘类果肉并不会造成猫咪中毒，反而是让猫咪戴柚子帽比较危险。

鸡蛋

猫咪不能吃鸡蛋？猫咪不能吃的是"生蛋清"，生蛋清中的卵白素（avidin）会阻碍维生素的吸收，造成维生素缺乏，而卵白素在加热后就会被破坏，所以猫咪不能吃生蛋清，但是可以吃生或半熟的蛋黄与全熟蛋清，在我的鲜食制作经验里，猫咪都喜欢半熟蛋黄的浓郁口感，胜过沙沙的全熟蛋黄，但是生蛋黄也有细菌残留的风险，建议还是要充分加热后再给猫咪享用。

番茄

番茄果实对猫咪是没有毒性的！反而是番茄的茎、叶、蒂头有毒性，而且它们对人类同样有毒性，可能是因为国外猫咪常在庭院放养，而番茄又是常种植的植物，才产生了猫咪不能接近番茄的说法。事实上猫咪不但可以吃番茄，甚至许多猫咪很喜欢呢！

唔……番茄、鸡蛋，什么都好。

5 猫鲜食必需的营养品

我们能够方便准备的猫鲜食，通常不包含动物骨头、内脏，但是这些部位却拥有一些猫咪必需的营养成分，如果长期缺乏，猫咪身体可能产生各种不良反应，所以我们必须帮猫咪补充这些营养！

这些琳琅满目的营养品容易让人心生畏惧，很多猫爸妈就是过不了营养添加这一关而放弃制作猫鲜食的，其实跟猫咪需要慢慢适应鲜食一样，我们也可以慢慢学习，和猫咪一起成长。以下是做猫鲜食的不同阶段里，应该认识与添加的营养品。

钙

赖氨酸

维生素 E

鱼油

LADY FLAVOR

牛磺酸

不需要额外添加营养素，猫咪的干粮或主食罐中已添加足够营养，放松与猫咪享受鲜食约会吧！

两三天做一次鲜食，作为猫咪的一餐

- 钙质

猫咪正常饮食中的钙磷比要维持在1.1：1～1.5：1，鲜食缺乏补充钙质的骨头，而作为主要食材的鲜肉中含有磷，导致鲜食餐的钙磷比不平衡，需要额外添加钙质。可以选购猫咪专用的钙质补充品，或是使用人吃的柠檬酸钙、乳酸钙、海藻钙等钙质补充品。不同钙质补充品，钙含量比例都不同，要注意商品标签并充足补充！本书中都有注明需要补充的钙质份量，小猫一天需要400～600毫克的钙以满足生长需求。

- 牛磺酸

牛磺酸是猫咪必需的重要营养素，肉类、海鲜类都含有牛磺酸，但是容易在烹调的过程流失，建议吃鲜食作为正餐时添加100～200毫克牛磺酸。

天天吃鲜食、全鲜食

- 添加上述钙质与牛磺酸营养补充品。
- 猫用复合维生素

使用猫用复合维生素是方便的选择，补充铁、锌等必备矿物质与各种维生素，选购时要注意说明，并按时添加给猫咪。

- 深海鱼油与维生素 E

深海鱼油含有丰富的欧米伽-3（ω-3）脂肪酸，是猫咪不容易摄取的营养素，一周添加一次，选一天将一颗深海鱼油胶囊剪开，加入猫咪的鲜食餐中，补充约200毫克的欧米伽-3脂肪酸，也会让鲜食充满诱猫鱼香。同时也要一星期补充一次约100国际单位（IU）的维生素 E，以平衡摄取的脂肪酸。

- 与医生配合，定期身体检查

猫咪刚开始转食的前几年一定会有一段适应期，建议每半年至一年做一次身体检查，深入理解猫咪身体状况，还能见证猫咪吃鲜食后的改变哦！

医生建议

1岁以下的幼猫需要完整的营养满足成长需求，建议鲜食新手爸妈先将鲜食作为点心，让猫咪养成不挑食的好习惯，待猫咪长大并积累鲜食经验后，再朝全鲜食迈进！

转鲜食慢慢来

　　煮鲜食给猫咪吃最大的阻碍，既不是厨艺不好也不是营养知识不足，而是猫咪不吃啊！这里要认真的告诉大家，其实猫咪一开始不吃是很正常的。很多猫咪没吃过饲料、罐头以外的东西，对它们来说，味道清淡、口味分明、口感丰富的各种新鲜食材，一点也不像熟悉的食物，猫咪根本不知道那是能吃的东西。简单来说，习惯吃干饲料的猫咪就像是一个小孩把洋芋片当正餐一样，洋芋片热量丰富、香味迷人，忽然要他改吃蔬菜沙拉般清淡的猫鲜食，他当然一下子无法接受，但是为了他的健康，身为好猫奴的我们必须坚持！

　　如果第一次尝试就因失败就放弃，是非常可惜的！我们家蛋卷与短裤（没吃过干饲料的麻糊除外）转鲜食的过程也不是一帆风顺的，尤其短裤，他是我们养的第一只猫，在对猫咪的饮食知识尚不足的情况下，从小就吃配方干饲料（因为配方干饲料总是比较便宜，是陷阱啊！），任食吃到饱，每天还有金枪鱼的罐罐（也是挑食陷阱），这样吃了一年后，根本变成地狱挑食猫！最后连罐头也不吃了，只吃干饲料，而且食量越来越小，对吃饭毫无热情，体重一直低于平均值。当时的状况一直让我很担心，后来开始转吃鲜食也遇到了巨大的阻碍（打死不吃饭），我一度感到很沮丧，短裤转食大约花了2个月，过程中找到了一些心得和窍门，让后来转食能渐入佳境，以下跟大家分享转食的经验！

1 勇敢开始，人与猫共享的鲜食餐

踏出第一步往往是最困难的，我们常常想东想西，考虑很久，却迟迟未开始行动。做猫鲜食也是一样，最可惜的就是看了很久的食谱，研究了很久的鲜食知识，却从来没动手！或许猫爸妈都认为，我要做足准备，了解一切相关知识，收集所有工具后才能开始做鲜食，这个想法没错，但往往我们都忽略了，每只猫咪都是独立的个体，都有不同的饮食喜好和需求，这些都是要在做鲜食的过程中，慢慢尝试才能了解的！如蛋卷喜欢吃牛肉胜过鸡肉，爱吃甘薯、番茄、甜椒等蔬菜，而短裤则相反，爱吃鸡肉，讨厌油油的牛肉，把甘薯当大便，这些都不是在书中能看到的，而是必须边做边学，在每一餐中慢慢发现的！

勇敢地开始做鲜食吧！不要在意猫咪一开始吃不吃，慢慢学习相关的知识，先把鲜食当点心，本书中的食谱，都精心设计成人、猫可以同享的鲜食，并且在制作过程中能享受鲜食的乐趣，猫咪现在不喜欢，我们可以自己享受美味的鲜食，下次再接再厉。 对人来说，本书中的食谱都是低淀粉、低盐的养生鲜食，很适合减肥与调整身体机能。了解猫咪对食材的喜好和需求，慢慢地，猫咪跟你都会爱上鲜食。

2 渐进式转食

第一次把鲜食餐放到猫咪面前，猫咪最有可能的反应就是闻一闻、舔舔嘴然后走开……先不要崩溃，因为这完全是正常现象，这代表猫咪觉得香香的，但是不知道是否可以吃。以下与你分享我的经验，一步一步让猫咪慢慢尝试，渐渐喜欢鲜食。

试水温，从周末的鲜食点心开始

对没经验的我们跟猫咪来说，踏出第一步最重要。每个周末，或每周一天做点猫鲜食点心，与猫咪享受午后的点心约会，让猫咪印象里认定鲜食是不常见的零食，更愿意去尝试鲜食与各种食材。即使现在蛋卷都已经吃全鲜食，每周的鲜食点心时间一到，蛋卷总是会兴高采烈地跟着我们一起下厨，这个时候，他也更愿意去尝试没吃过的味道或平常较不喜欢的食材。

慢慢地，来点鲜食餐

让鲜食在正餐中出现，偶尔取代一餐或与干食、罐罐一起混合，慢慢增加鲜食在猫咪日常饮食中的比例。

一切顺利，吃全鲜食喽

过程中猫咪习惯鲜食的口感与味道，肠胃也习惯分量比干饲料多的鲜食（因为比起相同热量的干饲料，鲜食还多了70%的水分）。当我们清楚掌握猫咪的喜好、饮食习惯、食材雷区，理解全鲜食需要的营养素，这时就可以用鲜食取代干饲料，踏上全鲜食之路啦！

3 对付挑食猫的小技巧

挑食的猫咪就是不开金口，我们也可以借由一些小技巧，度过让猫咪张嘴、愿意试试鲜食的第一关。

亲手喂猫咪

我们常常会用手喂猫咪吃零食，猫咪较习惯从我们手中吃到各式各样的味道，也对我们手里的食物更有欲望，试着放一小块鲜食在手掌中央，让猫咪试试看。

定时制的用餐习惯

任食制的猫咪通常都对食物较无欲望，长期的习惯也使他们轻易放弃食物。想要顺利的转食，先让猫咪养成定时吃饭的好习惯吧。短裤转食的第一步也是将任食制吃到饱改成定时制，当然过程是需要坚持的，任食制养成他对食物毫不在乎的态度，一开始放了饲料不吃，收掉他也无所谓，直到肚子饿久了就开始哀叫，这时千万要忍住，到饭点才能喂他吃饭，甚至在这时，给他尝试一点鲜食也能收到奇效！

与干饲料或罐头一起享用

猫咪不愿意吃鲜食的一大原因是根本不知道那是食物，常常只要动了第一口，就开始愿意吃鲜食，将猫鲜食小份小份地与干饲料、罐头混合，让他不小心吃到鲜食，他会发现这是好吃的食物。一开始严重挑食的猫咪可能选择连干饲料都不吃，所以请用少量鲜食搭配少量饲料混合，避免造成浪费！

尝试多样食材

每只猫咪真的都有不同的喜好。当初短裤的转食之路并不顺利，前几周他都不愿意尝试吃鲜食，直到我做了一道简单的无盐奶油煎鸡胸，配上鲜食调味料，终于征服了他的胃口，接下来我就以此为基础，搭配不同食材，慢慢地让他接触新的味道。猫咪不喜欢眼前这道菜，不要气馁，多尝试几种不同食材的食谱、不同的烹制方式，找到猫咪的最爱。

增加料理的游戏性

你有没有看过猫咪追逐壁虎或是小虫，然后迅雷不及掩耳地吞掉！看来在猎食小动物方面，猫咪真是不挑食啊！我们可以利用猫咪的这个习性，在烹制中设计富有游戏性的元素，让猫咪对鲜食更有兴趣，本书中就有一个章节，介绍简单好做又充满游戏乐趣的鲜食食谱。

美味加料

你的猫咪也有自己心爱的点心吧？这些都是转鲜食的好帮手，猫咪会对零食的味道有好印象，让它食欲大增，在鲜食里增加猫咪喜爱的味道，会让转食过程事半功倍。当初短裤坚持不吃鲜食，但是开始愿意吃一点金枪鱼罐头，可是金枪鱼罐头仍是猫咪挑食的帮凶，于是我去购买新鲜金枪鱼，制作成鲜食调味料，每次一点点加在短裤鲜食里，终于征服了短裤的胃口，现在就算不加鲜食调味料，短裤也会乖乖吃鲜食（除非他想睡觉）。

猫鲜食添加零食或香料时，记得选择无盐、无合成香料或味精的天然食品，许多加入了浓烈香气的宠物零食，虽然诱猫力很强，但同时也造成了挑食与猫咪身体的负担，这样就与我们做鲜食的初衷背道而驰了。

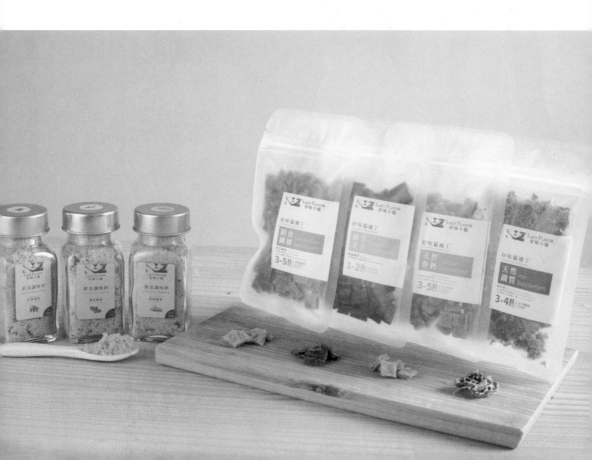

超简单新手入门鲜食

主题式进阶鲜食

厨具准备好

厨具是很重要的！厨具好不好会影响做鲜食的执行力呀！给自己准备一套喜欢的厨具吧。其实做猫鲜食并没有特殊的厨具需求，而本食谱书的餐食也以方便好上手为核心，很少使用复杂的料理机或搅拌器等，准备一些简单的厨具，赶快动手吧！

料理刀

建议选择西式的万用刀或三德刀，有一个尖头，切割食材或是去骨都会比较方便。

磨刀器

鲜食用到较多肉类食材，对刀的磨损很大，准备一个磨刀器或磨刀棒，适时保养刀具能让烹制过程更顺利，锋利的刀具使用起来顺手，其实比钝刀更安全！

锅铲

带有平面的锅铲方便我们进行煎饼、煎蛋皮等常用的烹制手法，翻面各种食材也更加方便！

砧板

（生食、熟食分开）

准备两块猫咪专用的小砧板，避免鲜食被家中砧板常使用的葱、蒜污染。好味小姐喜欢木制砧板，因为可以直接当成美美的食器，木制砧板需要每周定期擦油保养，收纳时要离地防止发霉，好看的木砧板能让烹制体验大加分。

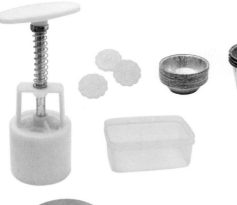

各式模具

准备一些烤模、果冻模、饼干模，简单的工具能让鲜食变换各种造型，充满魅力。

附盖不锈钢平底锅

对于小份量的猫鲜食，不锈钢平底锅可以用来煎、炒、蒸，满足大部分的烹制需求。

厨房电子秤

一个简单便宜的电子秤就能符合我们制作营养均衡猫鲜食的需求，建议要有归零与防水等设计。

量匙

针对小剂量食材的使用，若为新手，或不熟悉剂量的人，是快速、方便的工具。

带盖小汤锅

小汤锅方便煮各种汤品，也可以拿来当蒸笼，是方便的锅具。

带盖不粘平底锅

猫鲜食常有蛋料理、干煎料理，平底不粘锅使用上会比不锈钢锅方便，但平底不粘锅不适合久煮或高温加热，不粘涂层容易脱落。

刨丝器

为了让猫咪摄取蔬菜或根茎类食材，烹制过程常需要将蔬菜切末、切细丝，刨丝器就能帮上大忙！

食谱使用方法

我希望食谱里的每道鲜食都可以方便制作，所以在食材的选择上，使用了大家容易购买也常用的鸡肉、牛肉、水产鱼虾及各式果蔬，并未使用羊肉、鸭肉、鹅肉以及猫咪较不喜欢且脂肪含量较高的猪肉。轻松跟着食谱做，人、猫都会无压力地爱上鲜食！

1～3. 猫鲜食的难易度标示、备料与烹调贴心提醒，让猫奴掌控好时间。

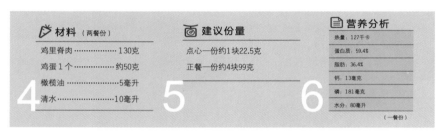

4. 材料注明几餐份，方便备料，计算餐食热量与分配。
5. 提供点心与正餐份量，不用计算好轻松。
6. 营养分析，看得见主子吃进了什么。

a. 热量说明：
一只体重平均4千克的猫，一天需摄取热量约240千卡，分两餐，一餐120千卡。

b. 蛋白质与脂肪热量比例：
蛋白质热量的比例越高，在相同热量下，鲜食份量会越多，适合食量大的猫。而脂肪比例较高，鲜食份量则较小，适合食量小的猫咪，摄取足够热量。

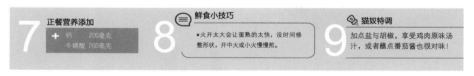

7. 贴心补给小提醒，让猫主子鲜食营养满点。
8. 活用小技巧，让没煮过饭的奴才，也能变成猫御厨！
9. 给猫奴的特调，让食材的鲜味，更加分明有层次，吃原味也是很健康的选择哦！

> ＊书中食材计量和容量换算：
> 1千克（kg）＝1000克（g）；1升（L）＝1000毫升（mL）；
> 1杯＝240毫升；1大匙＝15毫升；1小匙＝5毫升
> 食谱为猫设计，食材用量较少，若为新手，建议使用电子秤或量匙。

等下要吃饭了，先洗手手~

Part 1
超简单新手入门鲜食

- 鸡与蛋——猫咪的最好与最爱
- 牛肉——富含铁与锌
- 水产海鲜类——富含牛磺酸与欧米伽-3 脂肪酸
- 果蔬类——富含维生素、矿物质与膳食纤维
- 香浓添加品——奶类与油类

鸡与蛋——
猫咪的最好
与最爱

1 鸡肉选购与保存

2 鸡蛋选购与保存

3 内脏也是好食材

鸡肉跟鸡蛋是最简单、便宜，猫咪接受度也最高的食材。因为许多饲料与罐头都是以鸡肉为主要成分，所以对习惯饲料的猫咪来说，鸡肉有比较熟悉的香味。鸡蛋是猫咪的营养库，充满猫咪所需的脂肪、维生素、矿物质，但是热量也比较高，要注意份量，香浓的蛋黄通常很讨猫咪的喜欢，但是有些猫咪讨厌全熟蛋黄沙沙的口感，猫咪如果第一次吃蛋黄，给他个半熟蛋黄建立好印象吧！

1 鸡肉选购与保存

鸡肉健康好吸收，可提供丰富的蛋白质与脂肪，有较多的 B 族维生素，能帮助维持猫咪活力与精神，本书中较常使用的部位是鸡胸、鸡里脊、鸡腿肉等，去皮鸡胸肉、鸡里脊肉都是高蛋白质、低脂肪的部位，适合要减肥的猫咪。去皮鸡腿肉脂肪适中，口感丰富，很适合作为猫鲜食食材。

现在市面上的鸡肉都经过检疫检验合格，所以只要到合法的超市、传统市场购买鸡肉，都不用担心禽流感等疫病问题，新鲜的鸡肉呈现粉红色，湿润有光泽，按压肉质有弹性，闻起来不会有太重的气味；而不新鲜的鸡肉则会出现黄褐色，表面看起来比较干燥，说明可能已经放置一段时间，按压后会凹陷，不会回弹，并且产生很重的腐败异味，新鲜度的分辨上其实并不困难！

我会到大型传统市场一次买一周份鸡肉，除了当天要烹制的分量，其他都可用保鲜膜分块包装放入保鲜盒或封口袋冷冻保存，约可以保鲜一周。若生鸡肉不冷冻，而放在冰箱冷藏，约2天就会开始出现异味与黏稠手感，这时就已经腐坏了。

2 鸡蛋选购与保存

给猫咪吃蛋首先要注意，品质优良的蛋黄是可以吃半熟的，但是蛋清一定要全熟！蛋黄与蛋清都提供了丰富的脂肪与蛋白质，蛋黄含有更多的维生素 A、维生素 E、B 族维生素与多种矿物质，是很适合猫咪的食材，一周可以吃 2～3 次的含蛋鲜食。

鸡蛋在选购时应挑选大小适中、外表光滑的鸡蛋，因为母鸡越老生的蛋越大，品质也越不稳定，新鲜鸡蛋放在水中会下沉，陈蛋因为鸡蛋水分蒸发，气室变大，放在水中会上浮。储存时尽量整盒放于冰箱内，不要置于蛋架上，因为开关冰箱门时的温度变化会让鸡蛋容易变质。

3 内脏也是好食材

除了鸡肉，鸡的内脏也是猫咪营养的宝库，鸡肝的维生素 A 与 B 族维生素含量傲视所有食材，少量摄取便能补足猫咪所需的多重营养，但是鸡肝属于代谢器官，购买时必须慎选鸡只来源。

鸡肝作为珍贵的综合营养来源，很适合猫咪摄取，而且鸡肝气味浓重，有些猫咪特别喜欢。慎选信任的鸡肝来源，将鸡肝焯一下后，每天给猫咪10克作为点心，可以帮助补充猫咪吃鲜食或日常生活中需要的营养素。或是把鸡肝制成营养零食，很方便也很受猫咪欢迎。

蛋卷的蛋卷

烹制指数

难易度：🐾🐾🐾🐾🐾	🔪 备料：5分钟	☕ 烹煮：4分30秒

　　鸡肉与鸡蛋的完美结合，细致的鸡肉配上煎蛋的口感，口味香浓且易入口，从小猫到老猫都适合，猫奴来吃也是一级棒，蛋卷第一次吃毫不思考就吃了个精光，短裤相对不爱吃鸡蛋，但是也禁不住鸡肉香味的诱惑，考虑一下也吃光了！材料简单又容易制作，是最常出现在我们家餐桌上的猫鲜食。

🥕 材料（两餐份）

鸡里脊肉 ··········130克

鸡蛋 1 个 ········约50克

橄榄油 ···········5毫升

清水 ·············10毫升

📷 建议份量

点心一份约1块22.5克

正餐一份约4块99克

📄 营养分析

热量：127千卡

蛋白质：59.4%

脂肪：36.4%

钙：13毫克

磷：181毫克

水分：80毫升

（一餐份）

✖ 跟着做 蛋卷的蛋卷

❶ 里脊肉切成3~5毫米碎丁，倒进大碗里。打入鸡蛋，加入约10毫升清水，搅拌均匀。

❷ 开中火，放上平底锅（不粘锅），锅内倒入橄榄油5毫升，使用纸巾或油刷均匀涂抹。

❸ 将大碗内食材倒进热锅中心，使其自然向外铺开。

❹ 中火慢煎3分钟，过程稍微用锅铲将蛋皮修成正方形。

⑤ 待食材8分熟，将蛋皮卷起来。续煎1分钟30秒。

⑥ 起锅，在砧板上晾约3分钟，切成1.5厘米厚的蛋卷即可！

正餐营养添加

+ 钙质　　200毫克
　　牛磺酸　200毫克

 鲜食小技巧

▪ 火开太大会让蛋熟得太快，没时间修整形状，开中火或小火慢慢煎。

▪ 熟的鸡肉丁放在空气中水分容易蒸发，口感变柴，做成蛋卷包覆起来，就算放凉也能维持多汁口感！

猫奴特调

加点盐与胡椒，享受鸡肉原味汤汁，或者蘸一点番茄酱也很对味！

猫奴吃更美味，猫咪不能吃哦~

鸡蛋杯

烹制指数

难易度：🐾🐾🐾🐾🐾	🔪 备料：10分钟	🍲 烹煮：20分钟

利用蛋清盛装美味的蛋黄沙拉，清爽可爱的鸡蛋杯，有着鸡的营养和三文鱼的鲜甜，最适合和猫咪一起来场午后的小约会！短裤原本不吃蛋清，但是只要是鸡蛋杯，他就会在吃肉馅的时候一齐把蛋清吃光，配着肉香享受蛋清软弹的口感，完整吃到鸡蛋的营养！

🥕 材料（一餐份）

鸡蛋 1 个 ·········约50克

三文鱼 ··············· 20克

鸡里脊肉 ··········20克

⏲ 建议份量

点心半份1颗

正餐一份2颗

📄 营养分析

热量：121千卡

蛋白质：52.7%

脂肪：43.1%

钙：24毫克

磷：184毫克

水分：80毫升

（一餐份）

✳ 跟着做 鸡蛋杯

❶ 三文鱼与鸡里脊肉切成1厘米大小的肉丁。

❷ 将所有材料放入蒸盘，再放入锅中，倒水进锅内至蒸盘一半高。开火蒸9分钟关火，焖1分钟。

❸ 起锅，将鸡蛋泡入冷水5分钟。

❹ 将三文鱼和鸡里脊肉分别切碎成3~5毫米大小的肉末。

❺ 水煮蛋剥壳，对切，挖出蛋黄。

❻ 一半蛋黄加入三文鱼碎丁末，
一半加入鸡肉碎丁末，搅拌
均匀。将内馅分别塞入水煮蛋
清，完成！

正餐营养添加

✚ 钙质　　180毫克
　牛磺酸　200毫克

鲜食小技巧

▪ 蒸鸡蛋前，在鸡
蛋的钝边（大头一
边）用大头针戳个小
排气孔，可避免蒸
熟过程中鸡蛋破裂。

▪ 使用平底锅蒸食材时，垫一张纸
巾或布在蒸盘底下，可以避免蒸盘
与锅底的敲击声。

▪ 用来蒸煮的水不要倒超过蒸盘一
半，否则沸腾时水容易淹入蒸盘内。

猫奴特调

加点盐与胡椒，淋一点橄榄油，
或蘸蛋黄酱，享受多层次滋味。

猫奴吃更美味，猫咪不能吃哦~

小猫饭

烹制指数

难易度：	✂ 备料：5分钟	♨ 烹煮：25分钟

　　这是麻糊的第一道鲜食，蛋黄中的丰富营养最适合发育中的小猫了，搭上口感绵密的鸡肉泥，小猫咪的胃口大开，一下子就吃光了。小猫食欲好但食量小，要注意别太撑，少量多餐才不会营养不良。让猫咪从小学会吃鲜食，快快长大！

🥕 材料（小猫四餐份）

鸡蛋黄一个·········20克

鸡胸肉·············200克

无盐奶油·············4克

清水············500毫升

📷 建议份量

点心一小份约30克

正餐一份60克

▪ 猫为了长大需要特别多的热量，体重1～1.5千克的小猫，一天需要200～300千卡的热量，分成3～4餐进食。

📄 营养分析

热量：74.5千卡

蛋白质：62.9%

脂肪：31.5%

钙：9毫克

磷：140毫克

水分：60毫升

（小猫一餐份）

✕ 跟着做 小猫饭

❶ 鸡胸肉切片备用。打蛋，分离蛋黄与蛋清。

❷ 先将500毫升清水煮滚，将鸡胸肉下锅先煮1分钟。

❸ 接着放入蛋黄一起煮4分钟。

❹ 将鸡胸肉与蛋黄捞起，鸡胸肉加一点锅内的鸡汤与4克奶油，剁至肉泥状。

❺ 将鸡肉泥分成4等份，分别撒上1/4个切碎的熟蛋黄。完成！

正餐营养添加

 钙质　　150毫克（小猫400毫克、成猫150毫克）

牛磺酸　200毫克

💬 鲜食小技巧

▪ 小猫的鲜食不适合使用蛋清，因为蛋清营养价值较低，而小猫食量不大，要尽量摄取营养丰富的食材。

▪ 有些猫咪不喜欢蛋黄全熟沙沙的口感，通常都爱半熟蛋的浓郁蛋液，如果猫咪第一次吃鸡蛋，给他半熟蛋黄是更好的选择。

▪ 若是成猫要吃，依据猫咪一餐所需热量按比例推算份量即可。

🏷 猫奴特调

小猫的饭！这次就不要跟他抢啦！

月半猫烧

烹制指数

难易度：	备料：10分钟	烹煮：15分钟

　　将鸡肉藏在蛋皮中的可爱月半猫烧，适合烹调好后立刻享用，也可以冷藏起来，太忙没办法烹制鲜食时，就可以简单地加热给猫咪吃，蛋卷第一次吃月半猫烧一直舔舔舔，舔不起来就放弃了，但是我们把猫烧拿到他嘴边，他就开心地大口大口吃，有时候亲手喂猫咪会有很好的效果哦！

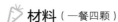 **材料**（一餐四颗）

鸡蛋1个 ········· 约50克
去皮鸡胸肉 ····· 约130克
橄榄油 ··········· 5毫升
清水 ············· 30毫升

建议份量

点心一颗
正餐一份4颗
猫咪几千克吃几颗

营养分析

热量：124千卡

蛋白质：56.4%

脂肪：38.8%

钙：11毫克

磷：191毫克

水分：82毫升

（一餐四颗）

✖ 跟着做 月半猫烧

❶ 将鸡胸肉切碎剁成肉泥状。

❷ 将鸡肉泥放入搅拌碗，加入清水20毫升，搅拌均匀成糊状。

❸ 取另一个碗打蛋，加入10毫升清水，打成蛋液。

❹ 使用平底不粘锅，中火热锅，倒入橄榄油，并均匀涂开。

❺ 将1/4蛋液沿筷子倒入锅中，成直径10厘米小蛋皮，可煎4份。各煎1分钟，蛋皮呈单面半熟状起锅。

❻ 将鸡肉泥平均分至4张蛋皮，包成半月烧。食用前以电锅或平底锅蒸5分钟，起锅静置3分钟冷却，完成！

正餐营养添加

＋	钙质	200毫克
	牛磺酸	200毫克

 鲜食小技巧

▪ 煎小蛋皮时，将蛋液顺着筷子流进锅内，方便控制蛋液量。

▪ 鸡肉泥加水搅拌后会呈黏性的糊状，有许多鲜食会应用到这个食材特性。

 猫奴特调

准备酱油、香油与蒜片做成蘸酱，清爽的日式风味最对味。

猫奴吃更美味，猫咪不能吃哦～

暖暖浓汤

烹制指数

难易度：🐾🐾🐾🐾🐾	备料：4分钟	烹煮：4分钟

　　鸡肉香与蛋香完美融合，浓郁的浓汤香是猫咪最喜欢的口感，不到10分钟，做碗暖心的浓汤与猫咪分享。有时候猫咪生病食欲不好，会不愿意张口吃饭，好做又好喝的暖暖浓汤可以用舔的方式吃进肚子，也更好吸收，适合小猫与老猫，或是生病猫咪恢复元气！

 材料（两餐份）

鸡里脊肉 ·········· 140克

鸡蛋一个 ·········· 50克

无盐奶油 ·········· 3克

清水 ············· 300毫升

建议份量

点心50克

正餐一份150克

营养分析

热量：121千卡

蛋白质：66%

脂肪：29%

钙：13毫克

磷：192毫克

水分：184毫升

（一餐份）

✖ 跟着做 暖暖浓汤

❶ 将鸡里脊肉切碎，剁成肉泥状。

❷ 将鸡蛋搅打成蛋液。

❸ 使用小汤锅，开小火，在锅内放入3克奶油，待其完全熔化。

❹ 倒进鸡肉泥，均匀翻炒约1分钟。

❺ 加入清水300毫升，盖过鸡碎
肉约1厘米高。

❻ 煮3分钟后关火，边搅拌边慢
慢倒进蛋液。盛入碗中静置5
分钟放凉。完成！

正餐营养添加

✚	钙质	200毫克
	牛磺酸	200毫克

 鲜食小技巧

▪ 汤品，能让猫咪用舔的方式就能
吃到食材，对猫咪来说进食很容
易，适合小猫或老猫食用。

▪ 如果不先关火就倒进蛋液，温度
太高会让蛋液瞬间熟成一片，无法
均匀分散如浓汤一般。

 猫奴特调

加点盐，撒点胡椒，烤一片香酥
的吐司面包来搭配吧！

猫奴吃更美味，猫咪不能吃哦～

牛肉——
富含铁与锌

1 选用牛肉部位介绍

2 牛肉选购与保存

牛肉相比其他肉类富含铁元素和锌元素，两者都是猫咪所需的营养成分，同时牛肉比鸡肉含有更多的脂肪，吃牛肉能摄取优质蛋白质和必需脂肪酸。

富含油脂的牛肉鲜食起来香气四溢，并且较少有寄生虫问题，不一定要烹制到全熟，结实的生肉口感也特别能满足某些猫咪的胃口，蛋卷就更喜欢牛肉，而且喜欢肥肥油油的口感，猫咪可以摄取高比例的脂肪而不会对健康造成危害，但是也要注意别让体重失控。

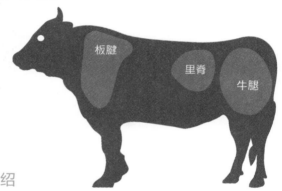

1 选用牛肉部位介绍

好味小姐选用了牛腿肉、板腱肉、里脊三种牛肉来制作牛肉鲜食，分别代表了牛只身体的三个大区块：腿肉、肩肉、背肉，每一区块其实都还可细分成许多部位，但是营养价值、脂肪比例较接近，选购牛肉可以互相取代，而我们人常吃的牛腩、牛小排等部位属于胸腹肉，脂肪含量太高，不太适合做成猫鲜食！

牛腿肉

牛腿肉是牛肉脂肪最低的部位，作为运动最多的部位，牛腿的肉质较硬，切大块有丰富的咬感，肌理变化很小。适合喜欢咬肉块或是打算进行减肥的猫咪。

板腱肉

板腱肉是牛肩肉，中央有一条肌腱肉块分布与油花，口感丰富、脂肪含量适中，煎炒时会有香气四溢的油脂释出。

里脊肉

里脊肉是牛腰内肉，是最嫩的牛肉部位，脂肪适中、口感软嫩，小猫跟老猫也可以轻松入口！

2 牛肉选购与保存

　　新鲜的牛肉呈现鲜红色，在空气中放置后外层就会氧化为深红色，这是正常现象，并不会影响肉质与营养，挑选牛肉要注意牛肉表面有无血水渗出，有血水渗出的牛肉表示放置了较长时间、较不新鲜，有时甚至有黏滑手感，都表示牛肉正在变质，而真正坏掉的牛肉有相当刺鼻的腥臭，很容易分辨。

　　当从市场买回大块的牛肉后，建议分块、用纸巾包覆后，放入保鲜盒或封口袋中冷冻保存，纸巾可以吸附冷冻前牛肉渗出的血水，让牛肉在保存与解冻时都不容易变质，冷冻约可保鲜1周。

被窝卷

烹制指数

难易度：	备料：5分钟	烹煮：10分钟

　　猫咪最爱卷被窝，用被窝包裹猫咪，用蛋皮包裹美好食材，和猫咪一起享用，心灵也被治愈了呢。就像被窝对猫咪超有吸引力一样，包覆起来的食材也会激发猫咪的好奇心，蛋卷吃被窝卷的时候都会咬起蛋皮，千方百计把它打开，先把皮吃光再吃肉馅，而短裤会直接全部拆散，撒得到处都是，每只猫咪反应都不一样呢！

材料（两餐份）

鸡蛋一个 ………… 50克

牛腿肉 ………… 120克

胡萝卜 ………… 10克

橄榄油 ………… 4毫升

建议份量

点心20克

正餐一份100克

营养分析

热量：127千卡

蛋白质：46.8%

脂肪：48.5%

钙：33毫克

磷：170毫克

水分：82毫升

（一餐份）

❶ 蛋打入碗里，搅打成蛋液。

❷ 使用不粘锅，开小火，倒入4毫升橄榄油，均匀涂开。蛋液下锅铺开成蛋皮，煎2分钟后起锅。

❸ 将蛋皮修成长方形。

❹ 将牛腿肉切小丁，胡萝卜和切下的蛋皮切成细丝，一起放入碗里搅拌均匀。

❺ 将搅拌好的肉馅放在蛋皮上，卷成春卷模样。

❻ 放上蒸盘，放进不锈钢锅中，加水至蒸盘一半高，蒸6分30秒即成。

正餐营养添加

✚ 钙质　　155毫克
　　牛磺酸　200毫克

 鲜食小技巧

▪ 鲜食包起来，可以增加猫咪对鲜食的好奇心，让猫咪再拆开鲜食的时候得到乐趣，增加鲜食的游戏性。
▪ 煎蛋皮时尽量煎成大片，包春卷时会更方便。
▪ 包春卷时蛋皮呈菱形摆放包起，一张蛋皮可以包更多肉馅。

猫奴特调

加点盐和胡椒，番茄酱也很对味。

猫奴吃更美味，猫咪不能吃哦～

大猫肉排

烹制指数

难易度：🐾🐾🤍🤍🤍	备料：10分钟	烹煮：7分钟

　　多汁牛肉与鸡肉搭配的手打肉排，大口咬下充满肉汁的粗犷鲜食，肉排浓缩了丰富肉汁，猫咪和我们都欲罢不能呀，第一次做肉排时，短裤待在一旁乖乖地看，一直到做完准备拍照时，一回头发现短裤把肉排咬走了！能让挑食猫短裤做出这种举动，可见肉排多诱猫呀！

材料（一餐份）

牛板腱肉 ············· 35克

鸡里脊肉 ············· 40克

无盐奶油 ············· 3克

建议份量

点心20克

正餐一份75克

营养分析

热量：123千卡

蛋白质：53.7%

脂肪：42.7%

钙：3.4毫克

磷：141毫克

水分：68毫升

（一餐份）

⚔ 跟着做 **大猫肉排**

❶ 将鸡里脊肉、牛板腱肉都切碎成泥状。

❷ 用手将两种肉泥均匀混合成肉排。

❸ 在两手掌间来回拍打肉排大约30秒。

❹ 在拍打好的肉排中间压个洞。

❺ 使用不粘锅，开中火，中央放入无盐奶油。

❻ 将肉排下锅煎约1分钟翻面，盖上锅盖煎烤6分钟。起锅后静置3分钟冷却，完成！

正餐营养添加

+ 钙质　　150毫克
　　牛磺酸　200毫克

 鲜食小技巧

- 肉排方便制作也方便存放，可以多做一点冷冻起来，下锅前可以将锅烧热点，下锅后可以封住肉汁，使肉排更好吃！
- 拍打的过程可以拍出肉排缝隙间的空气，煎的时候不会破裂。
- 如果猫咪不习惯撕咬食物，可以帮猫咪把肉排切块。
- 肉排下锅煎之前，在中间压一个洞，能让肉排均匀受热，避免外面熟了，里面还是生的。

猫奴特调

锅底不要清洗，加点奶油炒洋葱，炒软后加入少许番茄酱与酱油，再加点水调整浓度，煮3分钟，便完成超美味酱汁肉排！

猫奴吃更美味，猫咪不能吃哦~

满满牛肉卷

烹制指数

难易度：🐾🐾🐾🐾🐾	 备料：8分钟	烹煮：6分钟

　　用水饺皮卷起牛肉馅，一次多做一点，可以冷冻保藏7天，被包起来的牛肉汤汁会在煎的时候被水饺皮吸收，整个牛肉卷都充满香气，有时候我们也会用蒸的方式烹制，会变成越南春卷般半透明的质感。

🥕 材料（一餐份）

牛腿肉 ·············· 60克

水饺皮3片 ········· 24克

低盐芝士1/4片······ 6克

橄榄油 ·············· 1毫升

清水 ··············· 20毫升

⚖ 建议份量

点心一卷30克

正餐一份3卷

📄 营养分析

热量：119千卡

蛋白质：44%

脂肪：38%

钙：41毫克

磷：156毫克

水分：65毫升

（一餐份）

✖ 跟着做 满满牛肉卷

❶ 牛腿肉切碎后剁成肉馅。

❷ 将3片水饺皮稍微往外拉大，再把1/4片芝士平均分配于水饺皮中央。

❸ 将牛肉馅分成3份，分别在水饺皮中央排成条状。

❹ 水饺皮卷起两侧要蘸点水。卷起水饺皮做成牛肉卷，将水饺皮裹在一起并压住。

❺ 不粘锅开小火，倒入橄榄油，均匀涂开。放牛肉卷进锅，水饺皮接缝向下，煎1分钟30秒。

❻ 沿着锅边倒入20毫升清水，盖上锅盖蒸煮3分钟。起锅后静置3分钟放凉，完成！

正餐营养添加

+ 钙质　　130毫克
　　牛磺酸　200毫克

鲜食小技巧

▪ 1毫升的橄榄油只要先倒少量进锅后，用厨房纸巾均匀涂开，吸附多余油脂后就差不多了！

▪ 水饺皮可以方便地包裹各种食材，并在蒸煮时维持食材水分与口感。

▪ 水饺皮裹在一起并压住向下放置，可以避免牛肉卷在烹制时散开。

猫奴特调

酱油配上大蒜与辣椒，跟原味牛肉最佳搭配的蘸酱！

猫奴吃更美味，猫咪不能吃哦~ 🔔

猫的罗宋汤

烹制指数

难易度：	备料：3分钟	烹煮：10分30秒

　　许多猫咪都意外地喜欢番茄的味道呢！蛋卷在喝猫的罗宋汤时，都会先一口气把汤喝光，再吃掉番茄，最后慢慢吃牛肉，跟我的想象完全相反！如果猫咪没吃过番茄，可以煮久一点，让番茄融化在牛肉汤中，浓郁的汤头对猫咪很有吸引力！

材料（一餐份）

牛里脊肉 ·········· 60克

番茄 ·········· 30克

（约一颗大番茄）

奶油 ·········· 3克

清水 ·········· 150毫升

建议份量

点心一小份40克

正餐一份200克

营养分析

热量：119千卡
蛋白质：35%
脂肪：59%
钙：6毫克
磷：88毫克
水分：190毫升

（一餐份）

✖ 跟着做 猫的罗宋汤

❶ 将牛里脊肉切小丁、番茄切
成末。

❷ 使用小汤锅，开中火，锅内
放入3克奶油，待其熔化。

❸ 番茄先进锅，翻炒30秒。

❹ 倒入牛里脊肉丁，翻炒1分钟。

❺ 倒入清水150毫升，再炖煮
7分钟后，倒出静置3分钟冷
却，完成！

正餐营养添加

+ 钙质　　90毫克
　　牛磺酸　200毫克

鲜食小技巧

▪ 牛里脊肉可用55克板腱肉取代。
▪ 炖煮稍微久的时间，番茄融化在
肉汤中，猫咪在喝汤时就可以摄取
许多营养。

猫奴特调

撒点盐与胡椒就很棒了！

猫奴吃更美味，猫咪不能吃哦~ 🔔

水产海鲜类——
富含牛磺酸与欧米伽 -3 脂肪酸

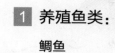

1 **养殖鱼类：**

   鲷鱼

2 **深海鱼类：**

   三文鱼与扁鳕（大比目鱼）

3 **新鲜白虾**

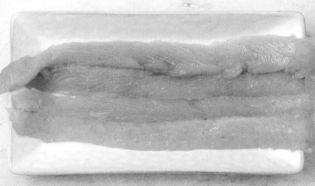

海鲜的滋味受到许多猫咪喜爱，相比其他肉类，海鲜类食材常含有丰富的牛磺酸，深海鱼类更含有丰富且珍贵的欧米伽-3脂肪酸，可保养猫咪心血管功能。水产海鲜种类繁多，我挑选了几种易取得、易烹制且价格便宜的海鲜食材，大家都能轻松上手！

1 养殖鱼类：鲷鱼

我国有丰富的养殖鱼类资源，近年随着养殖技术的提升水产品价格和品质都很有吸引力。鲷鱼含有大量DHA（二十二碳六烯酸），口味清淡，不容易造成猫咪挑食的问题。要注意养殖鱼类不适合生吃，记得要煮熟后才能给猫咪与自己食用。

海水养殖的鲷鱼肉质细致，低脂肪、高蛋白，味道清香，适合想减肥的猫咪。

养殖鱼类要买新鲜货，在购买时挑选肉质饱满、表面湿润的鱼肉，久置的鱼类容易显得干燥暗沉，也易变质产生腥臭味，如果并非马上烹制，记得冷冻保存，即使冷藏只有一天的生鲷鱼肉也容易产生异味。

2 深海鱼类：三文鱼与扁鳕（大比目鱼）

三文鱼等深海鱼类是DHA与EPA（二十碳五烯酸）等欧米伽-3脂肪酸的主要来源，同时它们脂肪丰富、香气四溢，而且没有细刺、烹制方便！是许多猫咪心仪的美食。在深海鱼类的选择上，我避免选用金枪鱼，虽然金枪鱼也是常

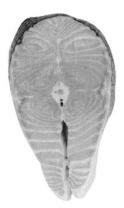

见的大型海鱼，但是因为金枪鱼香气浓烈，一次吃多容易让猫咪挑食，给猫咪的罐头也应该避免金枪鱼的成分，当初短裤吃了金枪鱼罐头后就再也不吃鸡肉罐头了，造成饮食选择上很大的不便，也导致他越吃越单一，越来越挑食。

三文鱼肉香气四溢还带着一点奶香，有丰富的DHA、EPA，煎后产生的丰富油脂是美味的保证。一般能买到新鲜三文鱼，颜色橘红、均匀的三文鱼肉表示较新鲜，如果感觉三文鱼肉深浅不一，鱼肉边缘有些黑红色，则可能已经变质了。

市场上的扁鳕大多是人工养殖的，扁鳕肉质细致，也含有丰富欧米伽-3脂肪酸与独特的香气。挑选时选择肉质有弹性且看起来白亮带有透明感的为最好，新鲜的扁鳕闻起来没什么气味，很容易辨别。

鱼类建议少量购买以保证新鲜，当需要保存时，将鱼肉用纸巾吸干水分，以保鲜膜或封口袋包装后冷冻保存，可维持数天新鲜，建议1周内吃完哦！

3 新鲜白虾

白虾能提供大量的牛磺酸，高蛋白质、低脂肪，新鲜的白虾香气十足，诱猫也诱人，白虾盛产季节在每年7～8月，此时的白虾肥美又便宜，很适合与猫咪一起尝鲜！

我在选购白虾时，会选择信誉有保障的商家的新鲜活虾，或者选择冷冻虾，避免不熟悉商家的活虾与虾仁，因为白虾在运送中的死亡率很高，有些不良商家会添加化学药剂增加其存活率，虾仁则会添加药品使其吸水膨胀，两者都会对猫咪身体造成负担。

挑选白虾时看其肉质有无弹性，眼睛与胡须是否完整，完整则表示白虾在较良好的环境中长大，品质优良，活虾最好当天现做现吃，如需保存，可先用牙签或筷子挑出虾线，擦干水分后冷冻，能保持新鲜风味，那也建议尽快在1周内吃完！

小花圃煎饼

烹制指数

| 难易度：●●●○○ |  备料：10分钟 | 烹煮：15分钟 |

搭配夏日的时令食材，一道结合海洋与土地的时令鲜食。鱼饼就像一座充满夏日气息的小花园，秋葵与玉米笋则是盛开的鲜花与绿叶，煎饼可以切成小片跟猫咪一同分享，只要拿着饼状的鲜食到短裤面前，他都会帅气地大口咬下，短裤好像特别喜欢这种爽快的吃法！

材料（两餐份）

潮鲷鱼片 ……… 120克

玉米笋一个 …… 约10克

秋葵一个 ……… 约10克

鸡蛋一个 ……… 约50克

奶油 …………… 5克

清水 …………… 30毫升

建议份量

点心一块45克

正餐一份2块90克

营养分析

| 热量：119千卡 |
| 蛋白质：47.3% |
| 脂肪：48.7% |
| 钙：20毫克 |
| 磷：149毫克 |
| 水分：83毫升 |

（一餐份）

✕ 跟着做 小花圃煎饼

❶ 将潮鲷鱼片剁成鱼肉泥，放进搅拌碗里。打入一个鸡蛋，与鱼肉泥均匀混合。

❷ 把玉米笋、秋葵切成约3毫米厚的星星状薄片。

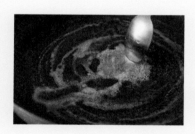

❸ 使用不粘锅，开中火，加入5克奶油。

❹ 奶油熔化后倒入鱼肉泥，开小火煎煮，用锅铲稍微修成圆形。

❺ 煎约1分钟后，将玉米笋及秋葵片均匀放在鱼肉泥上。

❻ 沿着锅边倒入30克清水，盖锅盖蒸煮3分半钟。起锅取出后放凉，分成四小块，完成！

正餐营养添加

✚ 钙质　　145毫克
　 牛磺酸　200毫克

 鲜食小技巧

■ 鱼肉比较松，倒一点水用蒸的方式可以避免翻面时弄碎煎饼。

■ 除了秋葵与玉米笋，也可以将其他时令蔬菜切薄片放上来。

 猫奴特调

蘸点日式酱油或甜酱油，体验松软清爽的口感。

猫奴吃更美味，猫咪不能吃哦～

鱼包蛋

烹制指数

难易度：🐾🐾🐾🐾🐾	 备料：5分钟	烹煮：6分30秒

　　可爱的鱼肉太阳蛋，绵密的口感搭配香浓鸡蛋，是早餐鲜食的绝配！蛋卷跟麻糊都喜欢软弹的蛋黄口感，吃鱼包蛋会先把蛋黄吃掉，短裤则是对蛋黄不屑一顾，所以短裤的鲜食都会先做成炒蛋。只要了解猫咪的喜好，就能调整鲜食，变成猫咪喜欢的样子！

🥕 材料（一餐份）

扁鳕·················30克

鸡蛋1个············50克

橄榄油············2毫升

水·················20毫升

📷 建议份量

点心一份20克

正餐一份95克

📋 营养分析

热量：142.6千卡
蛋白质：28%
脂肪：69%
钙：27毫克
磷：142毫克
水分：86毫升

（一餐份）

✗ 跟着做 鱼包蛋

❶ 将鱼肉切成肉泥，备用。

❷ 打一个鸡蛋，分离蛋清跟蛋黄。

❸ 将鱼肉泥跟蛋清搅拌均匀。

❹ 鱼肉蛋清下锅煎成圆形，并且在鱼肉泥中间挖个盛放蛋黄的凹槽。中火约煎1分半钟。

❺ 将蛋黄倒入凹槽，在锅中加入40毫升的水。

❻ 盖上锅盖以中火蒸煮5分钟，即可起锅。

正餐营养添加

✚	钙质	130毫克
	牛磺酸	200毫克

鲜食小技巧

▪ 盖上锅盖时留一个缝隙，蛋清产生的气泡会减少。

▪ 比起干燥、沙沙的过熟蛋黄，猫咪更喜欢湿润的蛋黄口感！

猫奴特调

酱油最对味，也可以加点番茄酱增加清爽的酸味。

猫奴吃更美味，猫咪不能吃哦～

蒸一张床

烹制指数

难易度：🐾🐾🐾🐾🐾	🔪 备料：3分钟	♨ 烹煮：12分钟

　　虾像不像卷成一团睡觉的猫咪呀？那蒸蛋就是软绵绵的床垫！
浓郁虾汤蒸成一张绵密诱人的鲜虾床铺，完美利用整只虾的营养，
蒸蛋充分吸收虾的精华与香气，蛋卷都会先吃掉蒸蛋呢！

🥕 材料（点心一份）

白虾1尾 ·········	10克
鸡蛋半个 ·········	25克
清水 ·············	80毫升

📷 建议份量

点心一份60克

热量较低，不适合作
为正餐

📄 营养分析

热量：44千卡
蛋白质：48.2%
脂肪：47.7%
钙：21毫克
磷：72毫克
水分：111毫升

（点心一份）

※ 跟着做 蒸一张床

❶ 白虾去头，去壳，再把虾线挑出。

❷ 不锈钢锅内加80毫升清水，放入虾壳、虾头煮滚30秒成虾汤。

❸ 打蛋，搅拌成蛋液。留下蛋壳当成量杯。在蛋中加入四次半个蛋壳的虾汤。

❹ 将虾仁放入碗中，倒入蛋液直至盖过虾仁。

❺ 使用不锈钢锅，置入蒸碗，
倒水至蒸碗一半高，开中火
蒸煮8分钟。

❻ 起锅，从蒸蛋中取出虾仁，
将蒸蛋搅拌均匀，将虾仁摆
在蒸蛋上，完成！

鲜食小技巧

▪ 烹煮虾汤的
时候记得戳一
下虾头，让虾
脑的营养可以
更多地进入虾汤里。

▪ 被蒸蛋包裹住的虾仁可以锁住更多
水分，更鲜美有弹性。

猫奴特调

倒点酱油，享受浓浓虾香。

猫奴吃更美味，猫咪不能吃哦～

海岛浓汤

烹制指数

难易度：🐾🐾🐾🐾🐾	备料：3分钟	烹煮：7分钟

　　三文鱼与浓汤是麻糊的最爱，海岛浓汤就是麻糊喜爱排行第一名，三文鱼富含优质脂肪，煎之后与浓汤搭配，营养丰富又香喷喷，麻糊会既想吃三文鱼又想喝浓汤，最后吃得满脸都是！

材料（一餐份）

三文鱼 ·············· 25克

南瓜 ·············· 25克

去皮鸡胸肉 ········· 30克

橄榄油 ·············· 4克

清水 ·············· 120毫升

建议份量

点心一份50克

正餐一份180克

营养分析

热量：124千卡
蛋白质：42%
脂肪：42%
钙：6毫克
磷：140毫克
水分：120毫升

（一餐份）

✖ 跟着做 海岛浓汤

❶ 将南瓜切成2毫米小片。

❷ 鸡胸肉切成长5毫米鸡肉丝。

❸ 使用不粘锅，开中火，加入
4毫升橄榄油，煎三文鱼1分
钟，翻面再煎1分钟。

❹ 三文鱼起锅，置于汤碗中。

❺ 将鸡肉丝、南瓜片放进锅内翻炒1分钟后，加入120毫升清水，煮3分30秒。

❻ 将步骤❺烹煮的汤料倒入搅拌机，打成泥状倒入汤碗，静置3分钟冷却，完成！

正餐营养添加

✚ 钙质　　120毫克
　 牛磺酸　200毫克

 鲜食小技巧

- 使用搅拌机打成泥状的浓汤，让猫咪可以轻易地舔起，适合小猫、老猫或食欲不佳的猫咪补充营养。
- 猫咪不喜欢沾到水，所以为了吃三文鱼会先喝完浓汤，补充大量水分。

 猫奴特调

加点盐与胡椒，配片香酥的烤面包片，或外酥内软的法式长棍切片！

猫奴吃更美味，猫咪不能吃哦～

107

果蔬类——
富含维生素、矿物质与膳食纤维

1 根茎类蔬菜

2 其他蔬菜

3 水果

猫咪是肉食动物，但仍会摄取少量的果蔬，提供猫咪无法从肉类中摄取的营养。对于现代家猫来说，帮助消化的膳食纤维摄取更加重要，在鲜食食谱中我们常使用少量的蔬菜来增加鲜食的营养与美味。你会发现，许多猫咪都意外地喜欢某些蔬菜的味道呢！

1 根茎类蔬菜

猫咪的饮食里需要少许的碳水化合物（10%以下），在来源的选择上，我们会避免使用谷物，因为小麦等谷类的麸质容易造成猫咪过敏，根茎类的甘薯、马铃薯、萝卜是更好的选择，它们不只营养更丰富，也含有更多的水分与膳食纤维，蛋卷更是甘薯的疯狂爱好者，曾经趁我们不注意吃掉了一整块烤甘薯，让我们不得不减掉他两周食谱里所有的碳水化合物。根茎类的保存比较方便，维持干燥的环境就可以保存很长时间，但是要注意马铃薯发芽产生的植物碱对人、对猫都具有毒性，绝对要避免使用发芽的马铃薯。

- **甘薯**
  香甜的甘薯含有大量膳食纤维和维生素 B、维生素 C，味道香甜，很受大部分猫咪欢迎，夏天产的黄心甘薯与秋天的红心甘薯口感与味道都不太一样，可以让猫咪都试试看！

- **马铃薯**
  马铃薯含丰富的锌与维生素 C，膳食纤维较少但口感绵密，受猫咪欢迎。

- **胡萝卜**
  虽然猫咪不能将胡萝卜素转化成维生素 A，但是胡萝卜仍是常见又方便的碳水化合物与膳食纤维来源。

- **白萝卜**
  白萝卜含有90%以上的水分，会吸收食材的香气，猫咪很喜欢！

2 其他蔬菜

猫咪可以从各种蔬菜中得到丰富的营养素，同时也摄取水分与膳食纤维，帮助消化。本书中使用的蔬菜都是常见而又对猫咪健康有益的，很方便烹制！

- **西蓝花**
  西蓝花的维生素 C 含量比柠檬还多，煮熟后既柔软又好入口。

- **南瓜**
  南瓜香香甜甜且水分饱满，富含各种营养素与膳食纤维。

- 小黄瓜
  小黄瓜清爽多汁，具有脆又清淡的口感，猫咪接受度很高。

- 甜椒
  甜椒含丰富维生素，与肉类脂肪一起加热后呈现甜味，猫咪和人都喜欢。

- 番茄
  鲜食中常会使用，与肉类食材结合后很好吃，并能软化肉质，是蛋卷的最爱。

3 水果

　　许多水果都可以跟猫咪分享，但水果中含有很高的碳水化合物，只能少量给猫咪尝尝。

- 柠檬
  制作"茅屋芝士"时会少量添加柠檬，平常猫咪并不会主动尝试。

- 木瓜
  木瓜是很适合猫咪的水果，果肉质地较软，猫咪舔着就能吃，能助消化并补充水分。

- 香蕉
  香蕉助消化，松软的口感也很方便猫咪享用。

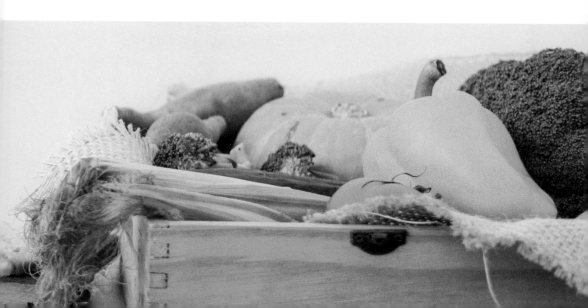

菜丸子

烹制指数

难易度：🐾🐾🐾🐾🐾	备料：5分钟	烹煮：7分钟

　　以鸡肉作为基底，配合多种蔬菜食材，可以一次让猫咪尝试多种食材口味，观察猫咪的喜好！蛋卷跟麻糊吃菜丸子完全无障碍，不管加什么蔬菜都开心地吃光，而吃菜丸子时短裤第一次吃的是甘薯，他吃到甘薯丸子时嫌弃的表情一看就知道是他的雷区，他还努力很久想把甘薯丸子埋起来。

材料（一餐份）

鸡里脊肉 ··········· 80克

西蓝花 ············· 5克

甜椒 ··············· 5克

甘薯 ··············· 5克

奶油 ··············· 4克

清水 ············· 100毫升

建议份量

点心一份

约1颗22.5克

正餐一份

约3颗100克

营养分析

热量：125千卡
蛋白质：62.6%
脂肪：27.4%
钙：8毫克
磷：173毫克
水分：86毫升

（一餐份）

✳ 跟着做 菜丸子

❶ 将西蓝花、甜椒、甘薯分别
切成边长3毫米左右的碎丁。

❷ 鸡里脊肉剁成肉泥，分成3份。

❸ 将3份肉泥分别跟3份蔬菜丁
均匀混合，做成小球状。

❹ 使用不粘锅，开中火，锅内
放入奶油4克待其熔化。

⑤ 将3个肉丸放入锅中慢煎，慢慢拨动肉丸，将每面都蘸上奶油，慢煎2分钟。

⑥ 锅中倒入100毫升清水，盖上锅盖，焖煮2分钟后起锅，静置3分钟冷却，完成！

正餐营养添加

+ 钙质　　180毫克
　　牛磺酸　200毫克

鲜食小技巧

- 猫咪如果特别喜欢某种肉类，都可以用本食谱的烹制方式，将各种食材包裹在鲜食中，让猫咪不知不觉中尝试新的味道，降低接触新食材的门槛。
- 相比用清蒸的方式，油煎更能浓缩食材的美味，猫咪第一次接触的食材，试着用油煎方式烹制。

猫奴特调

奶油、煎制的鸡肉风味与番茄酱最对味！

猫奴吃更美味，猫咪不能吃哦~

117

猫式萝卜糕

烹制指数

难易度：	备料：10分钟	☕ 烹煮：6分钟

　　富含水分的白萝卜，不但可帮助猫咪多喝水，还能为鸡肉添加不同的香气，让鸡肉鲜食变得不再单调。块状的萝卜糕是方便的小点心，方便拿在手上让猫咪吃。蛋卷吃过猫式萝卜糕后便爱上了白萝卜的味道，之后有白萝卜的鲜食都受到蛋卷大力欢迎！

🥕 材料（一餐份）

鸡里脊肉 ………… 90克

白萝卜 ………… 20克

橄榄油 ………… 2毫升

建议份量

点心一块20克

正餐一份5块110克

📋 营养分析

热量：119千卡
蛋白质：73%
脂肪：19.2%
钙：8毫克
磷：190毫克
水分：98毫升

（一餐份）

✖ 跟着做 猫式萝卜糕

❶ 将鸡里脊肉剁成肉泥。

❷ 把白萝卜削成薄片后切成末。

❸ 把白萝卜末与鸡肉泥搅拌均匀，分成5份约贡丸的大小。

❹ 在锅内倒入2毫升橄榄油均匀抹开，将肉丸放锅内用锅铲压扁，修成正方形。

⑤ 煎2分半钟至两面呈金黄色，
在锅内加入清水，盖上锅盖
蒸煮3分钟。

⑥ 取出后修整造型成方块状，
放凉后即完成！

正餐营养添加

+ 钙质　　200毫克
牛磺酸　200毫克

鲜食小技巧

- 白萝卜内含有大量的水分，是帮助猫咪自然摄取更多水分的好帮手。
- 使用削皮刀先把蔬菜削成薄片后切丝再切末，会比直接切片剁末更快速。

猫奴特调

酱油加点蒜片，最适合多汁的萝卜糕。

猫奴吃更美味，猫咪不能吃哦～

麦克猫鸡块

烹制指数

难易度: 	备料: 9分30秒	烹煮: 8分钟

老实说吧，麦克猫鸡块其实是我们自己想吃的鲜食！少少的马铃薯可让猫咪补充一些淀粉，吸收了奶油香气超好吃！之前一次做了一大堆，自己吃、家里小孩喜欢吃、猫咪也爱吃，是适合跟猫咪聚会的Party鲜食呢！

材料（一餐份）

鸡里脊肉 ·········· 90克

马铃薯 ·········· 10克

奶油 ·········· 4克

建议份量

点心一份1块20克

正餐一份4块90克

营养分析

热量：124千卡
蛋白质：63%
脂肪：27.5%
钙：4毫克
磷：170毫克
水分：81毫升

（一餐份）

✖ 跟着做 麦克猫鸡块

❶ 将鸡里脊肉切丁后再剁成泥状，倒进搅拌碗。

❷ 将马铃薯削皮后刨成丝。

❸ 倒进搅拌碗中与鸡肉搅拌均匀。

❹ 将混合好的食材分成约贡丸大小。

❺ 开中火，在锅内倒进4克奶油，涂抹均匀，将肉球放进锅内压扁。

❻ 双面慢煎约5分钟，煎熟即可起锅，放凉。

正餐营养添加

+ 钙质　180毫克
　　牛磺酸 200毫克

 鲜食小技巧

> ▪ 分肉丸时可以先在手掌上涂少许油，肉糜不容易粘在手上。

 猫奴特调

鸡肉与马铃薯的搭配，蘸点番茄酱或是糖醋酱。

猫奴吃更美味，猫咪不能吃哦～

甜甜骰子

烹制指数

难易度：🐾🐾🐾🐾🐾	✂ 备料：3分钟	🍲 烹煮：3分钟

　　甜椒的甜味与牛肉脂肪的香味天生是绝配，不只猫咪喜欢，猫奴也是欲罢不能，牛肉丁与甜椒只要快速加热，让这道鲜食只要3分钟就能完成，可以炒一大盘分给猫咪。不对！是分给自己！甜椒香味清新，再加上牛肉的香气，第一次吃甜椒的猫咪也较容易接受，蛋卷是不假思索就吃光了！

🥕 材料（一餐份）

牛板腱肉 ·············· 60克

甜椒 ···················· 20克

奶油 ···················· 3克

清水 ·············· 15毫升

🎯 建议份量

点心一块20克

正餐一份约80克

📄 营养分析

热量：128千卡
蛋白质：37%
脂肪占：56%
钙：5毫克
磷：104毫克
水分：75毫升

（一餐份）

✖ 跟着做 甜甜骰子

❶ 将牛板腱肉切成小丁。

❷ 将甜椒切成末（比牛板腱肉丁块小一些）。

❸ 使用不粘锅，开中火，放入奶油待其熔化。牛板腱肉下锅，翻炒1分钟。

❹ 将甜椒下锅，与牛板腱肉拌炒30秒后加入清水，继续翻炒1分钟后起锅，放凉。

正餐营养添加

＋	钙质	110毫克
	牛磺酸	200毫克

鲜食小技巧

- 将蔬菜丁切得比肉丁稍小，蔬菜丁可以黏附在肉丁上，容易一起被猫咪吃掉，不会被挑出来。
- 猫咪如果喜欢咬肉的感觉，牛板腱肉可以切大块一点（约1厘米大小）。

猫奴特调

撒点盐与胡椒，牛肉与甜椒的搭配，简单又好吃。

猫奴吃更美味，猫咪不能吃哦~ 🛎

127

黄瓜与虾

烹制指数

难易度：	备料：5分钟	烹煮：15分钟

　　黄瓜与虾，完全就是夏日田园的美丽风景！每只猫咪吃黄瓜与虾的方式都不一样，短裤会先把虾放旁边，脸埋在黄瓜卷里吃光鸡肉，然后忘记虾的存在；麻糊会照顺序吃掉虾，像吃面一样吃掉小黄瓜，然后开心地享受鸡肉馅；蛋卷则是欢乐地拆散所有的东西，然后先吃小黄瓜。猫咪真是让人惊喜呀！

材料（一餐份）

去皮鸡腿肉 ········· 80克

白虾2只 ········· 约20克

小黄瓜 ··········· 20克

建议份量

点心半颗30克

正餐两颗120克

营养分析

热量：119千卡	
蛋白质：74%	
脂肪：24%	
钙：32毫克	
磷：170毫克	
水分：105毫升	

（一餐份）

✖ 跟着做 黄瓜与虾

❶ 将鸡肉切成边长1厘米小块，2只鲜虾去壳、去虾线。放进蒸盘，使用不锈钢锅蒸3分钟。

❷ 将鸡肉与鲜虾取出，保留蒸盘内的汤汁。

❸ 鸡肉加入汤汁，均匀剁成肉末。

❹ 把小黄瓜对半纵切，使用削皮刀削成小黄瓜薄片。

❺ 把小黄瓜卷成环状，填满鸡肉末，压实。

❻ 最后放上鲜虾，完成！

正餐营养添加

✚ 钙质　　155毫克
　　牛磺酸　200毫克

 鲜食小技巧

▪ 记得保留蒸碗里的汤汁，加入鸡肉馅能让风味更上一层楼。

▪ 本鲜食不能久放，小黄瓜很快会萎缩，趁新鲜享受多样化的丰富口感吧。

猫奴特调

撒点盐与胡椒，也可以挤点柠檬，享受清爽风味。

猫奴吃更美味，猫咪不能吃哦~

小森林时光

烹制指数

难易度：🐾🐾⚪⚪⚪	备料：5分钟	烹煮：15分钟 冷藏：2小时

在小小的保鲜盒内创造美丽风景，清透如水晶的果冻，就像冬天雪地森林里的暮光。这么漂亮的鲜食怎么下得了手？还好猫咪没再怕，短裤想先吃扁鳕所以千方百计想把"森林"翻过来，麻糊开心地吃柴鱼汤冻，蛋卷则是拼命地挖出菜花，在被猫咪破坏前记得拍照留念哦！

 材料（一餐份）

扁鳕···············40克

西蓝花···········10克

清水··········200毫升

琼脂粉·············3克

柴鱼片·············3克

甜椒丁·············5克

建议份量

作为补充水分的点心，热量不足，不适合作为主餐。

📄 营养分析

热量：80千卡
蛋白质：28%
脂肪：66.7%
钙：12毫克
磷：75毫克
水分：250毫升

（一餐份）

✕ 跟着做 小森林时光

① 将扁鳕肉与西蓝花置于蒸盘。放进不锈钢锅，倒水大约至蒸盘一半高。

② 开中火盖上锅盖，蒸5分钟后起锅，将扁鳕切碎备用。

③ 不锈钢锅中倒入清水200毫升，加入柴鱼片，开中火煮2分钟。

④ 捞出柴鱼片，加入琼脂粉2克。

❺ 取一保鲜盒，倒入一半柴鱼汤，放进扁鳕肉末，垫在保鲜盒底部。

❻ 西蓝花铺在扁鳕肉上，倒入剩余柴鱼汤，撒上甜椒丁，放进冰箱冷藏1小时，完成！

正餐营养添加

＋ 钙质 70毫克

 鲜食小技巧

- 夏天猫咪食欲不佳，鱼冻可以清凉降温，增加食欲，补充猫咪夏日的流失水分。
- 步骤❻柴鱼汤倒入保鲜盒时，可能会冲散扁鳕肉，可用筷子引流，倒在西蓝花上面，分散力量。

猫奴特调

加点清爽的酱油，感受多样口感与柴鱼清香。

猫奴吃更美味，猫咪不能吃哦~

香浓添加品——
奶类与油类

1 适合猫咪的奶制品

2 适合猫咪的油类

猫咪都喜欢牛奶的浓郁香气，但是与人类同患乳糖不耐受症的猫咪其实不适合喝牛奶，不过只要使用去除乳糖的各式奶制品，还是能让猫咪安心享用的。各种油类在我们鲜食谱中扮演重要角色，不只方便烹制，也能补充食材营养的缺口，慎选适合猫咪的油品，猫鲜食就能更加健康无负担。

1 适合猫咪的奶制品

猫咪不能直接喝含有乳糖的牛奶，所以我们也不能直接以牛奶入菜，还好大部分的酸奶、芝士等奶制品在生产中都已消化或去除了乳糖，猫咪可以放心享用奶香浓郁的滋味与摄取蛋白质、钙质等营养。

- **酸奶**

酸奶是牛奶经由乳酸菌发酵后的产品，过程中乳酸菌会消耗大半的乳糖，可以减缓乳糖不耐的症状，作为配料或添加物搭配猫鲜食，清爽的奶香很受欢迎。

- **芝士片**

芝士片是较方便取用的奶制品食材，但是芝士片在生产中会添加盐水防腐与控制发酵，所以大多都有盐分，选购时可以比较一下成分表中的钠含量，选择比例最低的购买，并且一次添加少于1/4片（5克），就可以将钠的摄取控制在理想范围内，通常也比市售的宠物芝士零食清淡得多。

- **自制芝士**

后续食谱中会教大家制作的"茅屋芝士"就是完全无盐的纯牛奶芝士，很适合做鲜食配料与猫咪零食！

2 适合猫咪的油类

脂肪在猫咪饮食中占有重要位置，油类的添加可以让我们灵活地调整食物中的热量比例，而经过我们真猫实验证明，相比清蒸，煎、炒的鲜食猫咪更加喜欢（也不意外啦！），脂肪的香气与外酥内软的口感是跨种族的爱好。

- **无盐奶油**

　　奶油的浓郁香味不必多说，而属于动物性油脂的奶油能很好地被猫咪吸收，富含多种维生素与矿物质，是很适合猫咪的油脂添加品。但是奶油容易烧焦，不适合久煎的食材，待奶油在锅中熔化后快炒快煎是更健康也更能保留奶油香味的做法。

- **橄榄油**

　　尽量选择100%冷压初榨的橄榄油，橄榄油带有清淡果香，可以用来凉拌，润泽易消化，有些猫咪甚至愿意直接食用，有化毛的功效，橄榄油尽量选择中价位商品，一般不会有低价油混油与精炼的状况，而太过昂贵的橄榄油也不适合猫咪，高级橄榄油通常多酚含量高，虽有抗氧化功效，但是过于辛辣的口感会让猫咪感到不适。选择适中的就好！

小绿沙拉

烹制指数

难易度：🐾🐾🐾🐾🐾	备料：4分钟	烹煮：9分钟

炎热的夏天让人与猫咪都没有食欲，这时最适合清爽的沙拉了。酸奶是适合猫咪的奶制品，而猫咪也大都热爱酸奶，小黄瓜增加了沙拉的水分与清爽香气，三只猫咪吃小绿沙拉会不约而同先把沙拉酱吃光！

材料（一餐份）

去皮鸡胸肉 ·········· 80克

小黄瓜 ············· 20克

原味酸奶 ··········· 15克

橄榄油 ············· 2毫升

建议份量

点心一小份约25克

正餐一份约115克

营养分析

热量：118千卡
蛋白质：61.7%
脂肪：24.4%
钙：20毫克
磷：197毫克
水分：104毫升

（一餐份）

✖ 跟着做 小绿沙拉

❶ 将鸡胸肉切成边长约1厘米肉丁。

❷ 不粘锅开中火，倒入橄榄油后加入鸡胸肉翻炒2分钟，起锅放凉，备用。

❸ 将小黄瓜切成边长2毫米碎丁。

❹ 将小黄瓜丁和原味酸奶搅拌均匀，淋在鸡肉丁上就完成了！

正餐营养添加

＋	钙质	200毫克
	牛磺酸	200毫克

鲜食小技巧

■ 酸奶在制造的过程中，乳糖已经被乳酸菌消化，猫咪食用酸奶并不会造成乳糖不耐症，猫爸妈可以放心让猫咪享用。

猫奴特调

加点盐与胡椒，也可以挤些橙汁，酸奶与鸡肉简单就好吃！

猫奴吃更美味，猫咪不能吃哦～ 🍽

141

奶味夹心

烹制指数

难易度：🐾🐾🐾🐾🐾	备料：7分钟	烹煮：7分钟

　　芝士夹心的诱惑，对人、猫都有极大的魅力，短裤跟麻糊都会先咬开鸡肉卷，享受多重口感的搭配，但是蛋卷每次都会被露出来的甜椒吸引，想方设法要把甜椒拉出来，把奶味夹心带到家里的各个角落，所以我们后来都切碎再给蛋卷。

材料（一餐份）

去皮鸡胸肉·········80克

红甜椒··············10克

黄甜椒··············10克

芝士片···6克（1/4片）

奶油················3克

建议份量

点心一份约1块20克

正餐一份约5块100克

营养分析

热量：127千卡
蛋白质：59%
脂肪：33%
钙：38毫克
磷：207毫克
水分：87毫升

（一餐份）

✖️ 跟着做 奶味夹心

❶ 去皮鸡胸肉斜刀切成3毫米厚薄片（约4片）。用刀侧面稍微将鸡肉拍扁。

❷ 甜椒切2毫米细丝。芝士切成3毫米条状。

❸ 用鸡胸肉片将甜椒与芝士包裹，做鸡肉卷状。

❹ 使用不粘锅，开中火，将奶油放入锅中待其熔化。

⑤ 将鸡肉卷交叠处朝下，慢煎30秒。

⑥ 加入15克清水，盖上锅盖焖煎30秒后起锅，静置3分钟待其冷却，完成！

正餐营养添加

➕ 钙质　　 190毫克
　　牛磺酸　200毫克

 鲜食小技巧

▪ 芝士片大多加盐，钠含量偏高，在采购时选择成分表中钠含量最低的芝士片，每次使用不超过1/4片，就能将盐分摄取控制在合理范围内。

 猫奴特调

加点盐与胡椒，芝士与鸡肉的搭配就很够味！

猫奴吃更美味，猫咪不能吃哦~

地中海沙拉

烹制指数

难易度：	备料：2分钟	烹煮：7分钟

　　鸡肉、果蔬、橄榄油，清爽的蔬果沙拉轻松上桌！添加一点点橄榄油可以增加维生素E与多种营养，还有化毛的功效，猫咪对橄榄油的喜好程度也不一样，蛋卷觉得没什么不同，麻糊有一次偷舔橄榄油被多酚辣了一下，从此只吃加热后的橄榄油，短裤则对橄榄油煎的食材情有独钟！

材料（一餐份）

去皮鸡胸肉	80克
西蓝花	20克
小番茄	20克
橄榄油	4毫升

建议份量

点心一份约25克

正餐一份约120克

营养分析

热量：127千卡
蛋白质：57.8%
脂肪：33.6%
钙：12毫克
磷：197毫克
水分：112毫升

（一餐份）

✖ 跟着做 地中海沙拉

❶ 鸡胸肉分成3～4块，西蓝花切成小花，放入蒸盘。

❷ 使用不锈钢锅，水加至蒸盘一半高，盖锅盖以中火蒸5分钟，起锅放凉备用。

❸ 将小番茄、蒸好的鸡胸肉切成丁。

❹ 把蒸好的鸡肉丁、西蓝花和番茄一起放入碗内，淋上橄榄油搅拌均匀，完成！

正餐营养添加

＋	钙质	200毫克
	牛磺酸	200毫克

 鲜食小技巧

- 鸡胸肉先不切丁，整块蒸熟再切，能保留鸡肉的香气与肉汁，适合做比较清爽的沙拉。
- 将蔬菜丁切得比鸡肉丁小一点，猫咪不容易都挑出来。

猫奴特调

撒一点盐与胡椒，简单清爽的沙拉最好吃！

猫奴吃更美味，猫咪不能吃哦～

Part 2
主题式进阶鲜食

- 边吃边玩
- 生日好味
- 节庆鲜食

叠叠三文鱼

烹制指数

难易度：	备料：7分钟	烹煮：8分钟

　　三文鱼与鸡蛋的层层组合，让猫咪产生好奇心，可以用多种方式享用鲜食，边吃边玩！蛋卷第一次吃三文鱼塔一反常态，乖乖地从上面一层一层往下吃，短裤则是尽情地把蛋皮甩来甩去，而麻糊无视鲜食造型一门心思地吃光鱼肉，三文鱼真的是麻糊的真爱呀！

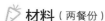 **材料**（两餐份）

三文鱼肉 ·········· 100克

鸡蛋 1 个 ··········· 50克

橄榄油 ·········150毫升

建议份量

点心一小份约22.5克

正餐一份约75克

营养分析

热量：125千卡

蛋白质：49.7%

脂肪：45.5%

钙：16毫克

磷：172毫克

水分：76毫升

（一餐份）

✕ 跟着做 叠叠三文鱼

❶ 打一个鸡蛋，搅拌均匀。

❷ 将蛋液倒入涂好橄榄油的不粘锅中，以中火煎成蛋皮，煎约1分钟关火。

❸ 起锅将蛋皮修成约7厘米见方大小，约能做成4片。

❹ 把三文鱼片切片后切成丁，备用。

❺ 使用锅中余油，开中火，倒入三文鱼肉丁，翻炒2分钟。

❻ 先铺一层蛋皮底，再铺一层三文鱼，叠成4层塔状。

正餐营养添加

＋ 钙质　　180毫克
　　牛磺酸　200毫克

 鲜食小技巧

▪ 鱼肉丁容易散开，刚下锅后不要急着翻面，单面煎脆后再翻面比较不容易散开。

 猫奴特调

撒点盐与胡椒就很棒了！

猫奴吃更美味，猫咪不能吃哦～

153

明月汤

烹制指数

难易度： 🐾🐾🐾🐾🐾	备料：1分钟	烹煮：10分钟

　　将白萝卜片作为盖子，封住牛肉风味，让牛肉汤更加清香，盖着牛肉的手法也能让猫咪产生好奇与搜寻的欲望，借此多喝汤，补充水分。猫咪面对明月汤的反应都很有趣，蛋卷一直想拨开白萝卜，又不想把手弄湿，摆弄半天决定先把汤喝完！短裤一样拨拨拨，手沾到水后就生气地甩干，恼羞成怒地要走了，我们才赶快打开白萝卜抱他回来吃饭，短裤大爷就是激不得呀！

材料（点心一份）

牛板腱肉 ·········· 100克

白萝卜 ············· 20克

建议份量

点心一份约150克

本食谱适合补充水分，不适合完全取代正餐。

营养分析

热量：67千卡

蛋白质：46.9%

脂肪：47.8%

钙：4毫克

磷：67毫克

水分：150毫升

（点心一份）

✄ 跟着做 明月汤

❶ 将牛板腱肉切成边长5毫米小丁，放进蒸碗中。

❷ 切一片白萝卜圆片（约20克）盖在牛肉上。

❸ 使用不锈钢锅，放入蒸碗，倒入清水至蒸碗一半高。

❹ 盖上锅盖，开中火蒸10分钟后起锅，保留蒸碗中的汤汁，静置3分钟待其冷却，完成。

正餐营养添加

 　钙质　　70毫克
　　　　牛磺酸　200毫克

 鲜食小技巧

　▪ 当要以蒸的手法制作汤类时，不用先在蒸碗里加水，可以利用水蒸气聚集在锅中的水分，避免起锅时蒸碗太满。

猫奴特调

加点盐，试试牛肉与白萝卜的原味结合。

猫奴吃更美味，猫咪不能吃哦~

滚滚南瓜

烹制指数

难易度：	备料：12分钟	烹煮：8分钟

　　小巧可爱的鸡肉丸，搭配富含膳食纤维的香甜南瓜，营养好入口，利用胡萝卜片的小餐盘，烹制过程非常简单。短裤最喜欢吃肉丸，这样他就可以张大嘴咬碎它！而蛋卷则是一直用手拨来拨去，一定要拨到碗外才肯吃，富含游戏性的鲜食让看猫吃饭都充满了惊喜！

材料（一餐份）

南瓜······················5克

去皮鸡胸肉··········90克

胡萝卜················15克

橄榄油················2毫升

清水··············100毫升

建议份量

点心一份约20克

正餐一份约110克

营养分析

热量：120千卡

蛋白质：66.4%

脂肪：21%

钙：6毫克

磷：207毫克

水分：100毫升

（一餐份）

跟着做 滚滚南瓜

❶ 将南瓜、鸡里脊肉切成2毫米见方的碎丁。

❷ 将南瓜、鸡里脊肉丁放入搅拌碗，加入橄榄油2毫升，搅拌均匀。

❸ 将胡萝卜切成约2毫米薄片备用。

❹ 将鸡肉馅搓成肉丸5颗，放在胡萝卜片上。

❺ 使用不锈钢锅，开中火。直接将胡萝卜片与肉丸一齐放进锅里。倒入清水100毫升，盖上锅盖，蒸8分钟。起锅，晾3分钟待其冷却，完成！

正餐营养添加

✚ 钙质　　220毫克
　　牛磺酸　200毫克

🗨 鲜食小技巧

▪ 可使用胡萝卜片当小盘子，直接放进锅中蒸煮，制作更方便，就不需另外使用盘子啰！

猫奴特调

蘸点酱油，甜甜的南瓜跟鸡肉融合，清新的好滋味。

猫奴吃更美味，猫咪不能吃哦～

猫珍珠丸

烹制指数

难易度：🐾🐾🐾🐾🐾	备料：9分钟	烹煮：10分钟

　　用白萝卜取代糯米，做成珍珠丸的造型，多了一份白萝卜的清香，清爽补水！满满的白萝卜是蛋卷最爱，一做好他就开心地吃光了，短裤也无法拒绝肉丸的造型，麻糊吃珍珠丸会一直舔一直舔，把白萝卜都舔光才要吃肉丸，真是猜不透。

材料（一餐份）

牛后腿肉 ··········· 80克

白萝卜 ············· 20克

橄榄油 ············· 3毫升

建议份量

点心一份约1颗20克

正餐一份约5颗100克

营养分析

热量：126千卡

蛋白质：56%

脂肪：42.6%

钙：13毫克

磷：118毫克

水分：92毫升

（一餐份）

163

※ 跟着做 猫珍珠丸

❶ 将牛后腿肉先切丝，剁成肉泥。

❷ 用削皮刀将白萝卜削成薄片，切成细丝，切末备用。

❸ 将牛肉泥放入搅拌碗，加入3毫升橄榄油，搅拌均匀。

❹ 将牛肉馅搓成5个肉丸，表面均匀黏附白萝卜末。

❺ 将5个肉丸放在蒸盘上，放进不粘锅，倒水至蒸盘一半高。

❻ 盖上锅盖，以中火蒸10分钟后起锅，静置3分钟待其冷却，完成！

正餐营养添加

| ✚ | 钙质 | 120毫克 |
| | 牛磺酸 | 200毫克 |

 鲜食小技巧

▪ 肉丸里加一点油，搅拌均匀后就不会粘手，更方便制作。

 猫奴特调

撒一点盐，牛肉与白萝卜的原味搭配最好吃。

猫奴吃更美味，猫咪不能吃哦~

哞哞番茄

烹制指数

难易度： ⚫⚫⚫⚪⚪	备料：5分钟	烹煮：15分钟

　　用香甜番茄做成的番茄盅，不但将牛肉的精华完全锁进番茄里，也把番茄里的营养统统留在餐食里，制作简单方便，成品却精致好看又有趣，是蛋卷最爱的鲜食之一，大口吃番茄的愿望终于满足了，每次蛋卷吃哞哞番茄，一定会先把番茄吃完，有时候反而吃不下牛肉了，我想短裤跟麻糊一定觉得蛋卷很奇怪。

材料（一餐份）

番茄一个（挖除果芯后）··············约80克
牛板腱肉 ···········60克

建议份量

点心一小份约30克
正餐一份约140克

营养分析

热量：114千卡

蛋白质：43.6%

脂肪：42.9%

钙：11毫克

磷：118毫克

水分：130毫升

（一餐份）

跟着做 哞哞番茄

❶ 将番茄蒂头往下约5毫米处切下后保留。番茄底部也切下约2毫米厚度，让番茄能稳稳站起。

❷ 用汤匙挖去番茄芯、种子。

❸ 牛板腱肉切成约5毫米小丁，填进番茄内。盖上番茄蒂头，放上蒸盘。

❹ 将蒸盘放入不锈钢锅，盖上锅盖，以中火蒸15分钟后起锅，轻轻将番茄皮剥下，静置3分钟冷却，完成！

正餐营养添加

＋ 钙质　　120毫克
　　牛磺酸　200毫克

鲜食小技巧

- 番茄蒸熟以后，番茄皮会自然脱离，可以轻松剥下。
- 番茄蒂头对猫咪是有毒的！不能让猫咪吃到！

猫奴特调

撒点盐与胡椒，牛肉与番茄的酸甜搭配很对味。

猫奴吃更美味，猫咪不能吃哦～

大根饺子

烹制指数

| 难易度：🐾🐾🐾🐾🐾 | 备料：10分钟 | 烹煮：15分钟 |

　　看起来晶莹剔透的饺子，比一般的饺子还要补水，还要清香！不得不说真的很好吃，记得多做一点自己吃，不然就会想跟猫咪抢，清爽的白萝卜饺子皮与新鲜白虾让人不由得一口接一口，我们只顾着自己吃根本没注意到猫咪的反应。

 材料（一餐份）

去皮鸡胸肉 ········· 60克

白虾 ·············· 10克

白萝卜 ············ 20克

橄榄油 ··········· 5毫升

建议份量

点心一颗

正餐一份4颗

猫咪体重几千克就吃几颗

营养分析

热量：120千卡

蛋白质：51.4%

脂肪：42.2%

钙：15毫克

磷：162毫克

水分：85.6毫升

（一餐份）

171

✄ 跟着做 大根饺子

❶ 将白萝卜切成1~2毫米薄片4片，放入滚水中煮3分钟使其软化。

❷ 鸡胸肉切小丁、剁成泥状，加入5毫升橄榄油搅拌均匀。

❸ 将白虾去头去壳、挑出虾线，切成4等份。

❹ 将鸡胸肉馅分成4等份，与白虾块包入白萝卜片中。

⑤ 使用不锈钢锅，放入蒸盘，倒水至蒸盘一半高，蒸5分钟。

正餐营养添加

| ➕ | 钙质 | 165毫克 |
| | 牛磺酸 | 200毫克 |

 鲜食小技巧

▪ 白萝卜包肉馅时包得越紧越不容易打开。

 猫奴特调

蘸点酱油，享受丰富的口味变化。

猫奴吃更美味，猫咪不能吃哦～

猫的恐龙蛋

烹制指数

难易度：🐾🐾🐾⚪⚪ | 🔪 备料：5分钟 | ☕ 烹煮：15分钟

　　为了让短裤吃鹌鹑蛋而设计的特制鲜食！短裤不爱吃蛋，但是鹌鹑蛋真的是方便又营养的食材，于是我们利用猫咪的好奇心，将食材用鸡肉泥包裹，让猫咪有拆礼物般的惊喜，成功实现短裤与鹌鹑蛋的第一次亲密接触。

🥕 材料（一餐份）

去皮鸡胸肉 ········· 60克

鹌鹑蛋2个 ········· 16克

橄榄油 ··········· 4毫升

📷 建议份量

点心一份半颗20克

正餐一份80克

📄 营养分析

热量：125千卡

蛋白质：48.6%

脂肪：47.5%

钙：9毫克

磷：180毫克

水分：71毫升

（一餐份）

✂ 跟着做 猫的恐龙蛋

❶ 将去皮鸡胸肉先切片，快速剁成鸡肉泥。

❷ 将鸡胸肉放入搅拌碗，加入4毫升橄榄油，搅拌均匀。

❸ 取1/4鸡肉泥放于掌上，放进一个鹌鹑蛋，再放上1/4鸡肉泥。

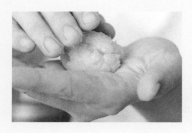

❹ 将包裹鹌鹑蛋的鸡肉泥边压边搓成蛋形。

❺ 使用不锈钢锅，放入蒸盘，倒水至蒸盘一半高。

❻ 盖上锅盖，以中火蒸15分钟后起锅，静置3分钟冷却，完成！

正餐营养添加

+ 钙质　　190毫克
　　牛磺酸　200毫克

 鲜食小技巧

▪ 以鸡肉泥包鹌鹑蛋时，可以用手感受肉泥是否平均包裹，再选一边增加肉泥，便可搓出漂亮的蛋形。

 猫奴特调

蘸点酱油，鹌鹑蛋与鸡肉都跟酱油很搭。

猫奴吃更美味，猫咪不能吃哦～

177

小心机布朗尼

烹制指数

难易度：●●○○○	备料：6分钟30秒	烹煮：30分钟

猫咪不能吃巧克力也没关系！用一点小心机，替猫咪做一份专属的布朗尼小蛋糕。鸡心是对猫咪很有益的好食材，平常就可以作为点心给猫咪吃，而在生日派对上，吃好料也要顾健康呀！第一次做小心机布朗尼，是带给"中途之家"的猫咪分享，不管是小猫还是老猫，它们都吃得很开心！

材料（一餐份）

鸡心 …………… 50克

鸡蛋 1 个 ……… 约50克

甘薯 …………… 15克

橄榄油 …………… 1克

无糖酸奶 ………… 少许

蛋糕模具 ………… 1个

建议份量

点心一份25克

正餐2/3块约80克

营养分析

热量：189.9千卡

蛋白质：27.6%

脂肪：61.2%

钙：30.4毫克

磷：156.8毫克

水分：106毫升

（一餐份）

※ 跟着做 小心机布朗尼

❶ 将甘薯切丁和鸡心、鸡蛋一起倒入搅拌器内打成泥状，只需15~30秒。

❷ 在蛋糕模内倒入橄榄油，并用纸巾涂抹均匀。

❸ 将步骤❶中打好的肉泥倒进蛋糕模内。放进烤箱，250摄氏度烘烤30分钟（针对不同烤模，可视情况调整烘烤时间至蛋糕烤干为止）。

❹ 取出后放凉，将点心脱模。淋上无糖酸奶，完成！

正餐营养添加

+ 钙质　　150毫克
  牛磺酸　200毫克

 鲜食小技巧

- 在烤模上均匀涂抹橄榄油，烤熟就能轻松脱模。

猫奴特调

本鲜食腥味重，猫奴还是算了。

沐夏千层

烹制指数

难易度：🐾🐾🐾🐾🐾	🔪 备料：5分钟	♨ 烹煮：15分钟 冷藏1小时

　　层层叠叠渐变色彩，就像夏日晨间的日出，不只美丽也很健康，胶冻蛋糕富含水分，多种食材营养均衡，每只猫咪都有他最喜欢的颜色，麻糊会先吃三文鱼，蛋卷则会全部一起塞嘴里，而短裤专攻扁鳕，每只猫咪都吃得很开心。

🥕 材料（完整一份）

蛋黄1个 ·········· 约20克

三文鱼 ············· 30克

扁鳕 ················ 30克

清水 ············· 300毫升

琼脂粉 ·············· 4克

橄榄油 ············ 2毫升

小杯子或杯状模具···1个

📷 建议份量

点心一份30克

正餐一份2/3块约80克

📄 营养分析

热量：183千卡

蛋白质：31%

脂肪：66.6%

钙：39毫克

磷：237毫克

水分：150毫升

（完整一份）

185

✖ 跟着做 沐夏千层

❶ 将三文鱼、扁鳕切成1厘米见方的小块，与蛋黄一起放进蒸盘。使用平底不锈钢锅，倒水至蒸盘一半高，蒸5分钟。

❷ 将蒸好的蛋黄、三文鱼、扁鳕分别剁碎备用。

❸ 使用小汤锅，倒300克清水加热至微滚，一边搅拌，一边加入琼脂粉。

❹ 模具内均匀涂上橄榄油。

❺ 取一碗将1/3琼脂液与蛋黄末搅拌均匀，倒进模具。

❻ 重复上一步骤，依序倒入三文鱼与扁鳕。放进冰箱冷藏1小时，大功告成。

正餐营养添加

＋ 钙质　　220毫克
　　牛磺酸　200毫克

 鲜食小技巧

▪ 第二层琼脂液倒入模具时要用筷子引流，慢慢沿边缘倒入才能做出完美的渐层色。

▪ 模具内均匀涂抹橄榄油，冷藏后就能轻松脱模。

 猫奴特调

蘸点酱油，享受清凉丰富的口感。

猫奴吃更美味，猫咪不能吃哦～

187

提拉米喵

烹制指数

| 难易度：🐾🐾🐾🐾🐾 | 🔪 备料：10分钟 | ♨ 烹煮：25分钟 |

经典的黑白配色，搭上细细的烘烤鸡肝粉末，完美复制令人食欲大增的提拉米苏。干燥的无毒鸡肝是猫咪营养圣品，健康又方便，而且猫咪超喜欢！混合少许马铃薯的绵密口感，特别对某些猫咪的胃，而满满的鸡肝香气，所有猫咪都无法抵抗！

🥕 材料（一餐份）

牛后腿肉 ············· 20克

虱目鱼柳 ············· 55克

马铃薯 ··············· 25克

烘干鸡肝 ·············5克

矩形饼干模 ··········· 1个

🍱 建议份量

点心20克

正餐3/5份约60克

📄 营养分析

热量：198千卡

蛋白质：52.4%

脂肪：36%

钙：13毫克

磷：244毫克

水分：130毫升

（一餐份）

跟着做 提拉米喵

❶ 把鱼肉、牛肉切成5毫米见方的小丁，马铃薯削皮后用刨丝器刨成细丝。放入锅内开中火蒸煮15分钟。

❷ 把蒸好的马铃薯放进碗里压成泥，分2份。

❸ 取一半的马铃薯泥与牛肉均匀混合并剁成肉泥。再加入切碎的烘干鸡肝0.5克，均匀搅拌，搓成球形，备用。

❹ 将鱼肉与另一半马铃薯泥混合后剁成肉泥，并分成2个球。

❺ 将三球肉泥分别压进模具内，成型后取出，鱼肉、牛肉、鱼肉依序叠起来。

❻ 把剩余烘干的鸡肝切碎，撒在最上层的鱼肉泥上作装饰，完成！

正餐营养添加

✚	钙质	250毫克
	牛磺酸	200毫克

 鲜食小技巧

■ 每一层分开制作，能慢慢修改，比一次叠起3层更容易成功。

🏷 猫奴特调

本鲜食腥味较重！只适合给猫咪享用哦。

大云朵泡芙

烹制指数

难易度： 🐾🐾🐾🐾🐾	🔪 备料：5分钟	☕ 烹煮：4分30秒

高高的云朵是夏天的记忆，夏天的生日就用夏天的风景庆祝吧！烤好的蛋清霜外酥内软，我们家三只猫咪都禁不起酥脆外皮的诱惑，一猫一口停不下来，美好的风景过得特别快，记得先拍照啊。

🥕 材料（一餐份）

牛里脊肉 ············· 20克

鸡蛋 1 个 ········· 约50克

马铃薯 ············· 20克

橄榄油 ············· 2毫升

杯子蛋糕模具 ······· 1个

⏲ 建议份量

点心一份1块22.5克

正餐一份约90克

📄 营养分析

热量：137千卡
蛋白质：31.7%
脂肪：56.6%
钙：23毫克
磷：133毫克
水分：83毫升

（一餐份）

✄ 跟着做 大云朵泡芙

❶ 打1个鸡蛋，将蛋黄、蛋清分离、备用。

❷ 将牛里脊肉切成约5毫米见方的小丁，马铃薯削皮后刨成细丝，再切成末。

❸ 模具内均匀涂抹橄榄油。

❹ 将马铃薯末、牛肉丁以及蛋黄搅拌均匀，倒进模具内。放入烤箱250摄氏度烤15分钟（针对不同烤模，可视情况调整烘烤时间至蛋糕烤干为止）。

❺ 同时将蛋清打发至不会滴落。

❻ 待杯子蛋糕底座出炉，放上打发蛋清，进烤箱以180摄氏度烤15分钟，取出后放凉即可脱模。

正餐营养添加

+ 钙质　　130毫克
　　牛磺酸　200毫克

 鲜食小技巧

▪ 烤蛋清的时候仔细观察颜色，烤到心目中的黄昏色就可以出炉了！

 猫奴特调

撒点盐与胡椒，试试烤蛋清霜的独特口感！

猫奴吃更美味，猫咪不能吃哦~

195

喵呜猫粽

烹制指数

难易度：🐾🐾🐾🐾🐾	备料：2分钟	烹煮：30分钟

　　浓浓的奶香搭配微微的清爽柠檬味，简简单单就可以自己在家做的天然芝士。咬开芝士还能吃到满满三文鱼香，做一道猫咪也可以一起享用的端午节粽子！麻糊吃猫粽时还小，但是三文鱼馅让他欲罢不能，一眨眼就快吃完一颗大猫粽，我们赶快没收，从此麻糊也喜欢吃茅屋芝士。

材料（一餐份）

牛奶⋯⋯⋯⋯⋯500毫升

柠檬汁⋯⋯⋯⋯25毫升

三文鱼⋯⋯⋯⋯20克

建议份量

点心少许25克

正餐一颗85克

营养分析

热量：119千卡
蛋白质：23.7%
脂肪：49.3%
钙：168毫克
磷：159毫克
水分：74毫升

（一餐份）

197

跟着做 **喵呜猫粽**

❶ 将三文鱼切成约1.5厘米见方的小块。蒸煮约5分钟后取出放凉、备用。

❷ 在锅内倒入500毫升牛奶，小火加热至约50摄氏度（锅边冒出小气泡）即可关火。将柠檬榨成汁，一边倒进牛奶里，一边搅拌均匀。

❸ 取一个空碗，盖上纱布，把混合后的牛奶倒进碗内。

❹ 从两边拉起纱布，滤出乳清并挤干芝士，放凉（这就是茅屋芝士了！）。

❺ 取少量芝士在手上压扁，放入三文鱼块。

❻ 再取少量芝士将鱼肉包裹起来，捏成粽子形状即完成！

正餐营养添加

➕ 牛磺酸 200毫克

 鲜食小技巧

- 挤柠檬前先将柠檬压一压滚一滚，能更轻松挤出大量柠檬汁。
- 茅屋芝士用保鲜膜包起，放进冰箱冷藏1小时，更容易塑形。
- 可依照猫的喜好，在芝士外层沾裹切碎的干燥猫薄荷。

猫奴特调

可以直接试试茅屋芝士的味道，冷藏过后口感较绵密，适合搭配面包、沙拉等食材。

猫奴吃更美味，猫咪不能吃哦~

199

猫猫圆月饼

烹制指数

难易度：🐾🐾🐾🐾🐾	备料：5分钟	烹煮：25分钟

　　月亮很圆，也跟猫咪一起团圆。用香浓甘薯月饼，跟猫咪们紧紧黏在一起。和短裤、蛋卷在一起的第一个中秋节，各做了一个月饼给他们，蛋卷超开心，甘薯是他的真爱，短裤还是拼命想把甘薯埋起来。后来我们做了很多去给蛋卷原本所在"中途之家"的猫咪们吃，大家都吃得很开心啊！（短裤真的很奇怪）

 材料（两块份）

三文鱼	10克
鸡腿肉	10克
甘薯	100克
月饼形状压模	1个

 建议份量

点心1/2块

淀粉含量过高，不适合作为正餐。

营养分析

热量：148千卡	
蛋白质：15.9%	
脂肪：7%	
钙：47毫克	
磷：81毫克	
水分：103毫升	

（两块份）

✖ 跟着做 猫猫圆月饼

❶ 将甘薯削皮刨丝后放进锅内蒸煮10分钟。

❷ 用汤匙将甘薯压成泥，备用。

❸ 将三文鱼及鸡腿肉切成约1厘米见方的小丁，放入锅内蒸煮5分钟。

❹ 取压好的甘薯泥分成2份，分别包入鸡腿块、三文鱼块，搓成丸状。

❺ 模型内涂一层薄薄的橄榄油，方便脱模。

❻ 将甘薯丸放进月饼模具内挤压成型，小心取出，完成！

 鲜食小技巧

- 压模时稍微用力点，把甘薯丸压实，再将模型往上拉就可以压出漂亮月饼。
- 如果月饼脱模一直失败，可以用点橄榄油擦拭模内侧，脱模会更顺利。

 猫奴特调

想要跟猫咪分享，可以另做一份自己的甘薯泥，加少许白砂糖与芝麻，做成甜甘薯月饼。

猫奴吃更美味，猫咪不能吃哦～

没糖果南瓜派

烹制指数

难易度： 🐾🐾🐾🐾🐾	备料：12分钟	烹煮：30分钟

　　猫咪不可以吃甜食，却还是想跟猫咪来场甜腻腻的小约会。用香甜南瓜跟猫咪一起来个不给糖也要过的万圣节吧。跟蛋卷在一起的第一个万圣节做了蛋卷变装大会，蛋卷被cosplay（角色扮演）玩了一天，做点鲜食补偿他！南瓜搭配鸡肉与芝士，不用想象也觉得好吃。

🥕 材料（两块份）

三文鱼 ⋯⋯⋯⋯⋯⋯10克

南瓜 ⋯⋯⋯⋯⋯⋯⋯40克

牛里脊肉 ⋯⋯⋯⋯⋯20克

鸡蛋一个 ⋯⋯⋯⋯⋯50克

低盐芝士半片

　　⋯⋯⋯⋯⋯⋯约12克

橄榄油 ⋯⋯⋯⋯⋯2毫升

蛋挞模具 ⋯⋯⋯⋯⋯2个

📷 建议份量

点心1/4块约15克

正餐$1\frac{1}{4}$块75克

脂肪、糖类占热量比例较高，较不适合作为正餐

📄 营养分析

热量：189千卡
蛋白质：28.2%
脂肪：55%
钙：100毫克
磷：195毫克
水分：111毫升

（两块份）

✳ 跟着做 没糖果南瓜派

① 将南瓜与芝士切成约0.2厘米的丝状后，倒进碗内。打入一个鸡蛋，与南瓜、芝士丝搅拌均匀。

② 将牛肉切成约0.5厘米见方的小丁，备用。

③ 在蛋挞模具内均匀抹上橄榄油。

④ 在模具内倒入南瓜料至半满，放入牛肉丁。

❺ 再将剩余南瓜料倒满模具。

❻ 放入烤箱内，开上火、下火
以250摄氏度烤30分钟，取出
后放凉，完成！

 鲜食小技巧

- 烘烤时间因烤箱火力可能略有不
同，观察南瓜派表面，均匀干燥、
稍微焦黄即可。
- 本食谱牛里脊肉可用牛板腱肉替代。

 猫奴特调

加点盐与胡椒，派的内部香甜多
汁，小心不要被烫到！

猫奴吃更美味，猫咪不能吃哦~

圣诞花环

烹制指数

难易度：	备料：10分钟	烹煮：8分钟

　　把圣诞节门上的漂亮花环摆上餐桌，跟猫咪一起享用超美的圣诞鲜食。蛋卷吃的时候很认真地把西蓝花一根一根拔起来，很过分！但是后来用手喂，他还是乖乖吃掉了，因为西蓝花也有鸡肉香，短裤觉得肉都被西蓝花挡住了很麻烦，后来我们只好切小块给他，大家圣诞节都要吃得饱饱的！

材料（一餐份）

去皮鸡腿肉⋯⋯⋯⋯95克

西蓝花 ⋯⋯⋯⋯⋯30克

新鲜白虾仁⋯⋯⋯⋯15克

建议份量

点心一份30克

正餐一份125克

营养分析

热量：120千卡
蛋白质：73.4%
脂肪：23.8%
钙：36毫克
磷：174毫克
水分：110毫升

（一餐份）

209

✖ 跟着做 圣诞花环

❶ 将鸡腿肉剁碎切成肉泥。倒进搅拌碗内，加入5毫升清水搅拌均匀。

❷ 将鸡肉泥放在餐桌上捏成圆环状作为花环底座。

❸ 将西蓝花切成数朵。

❹ 在鸡肉上放上西蓝花，将花环布置成绿色。

❺ 把虾仁切成约1厘米见方的小丁，放在西蓝花上点缀。

❻ 将餐盘放进锅内，注入清水至餐盘的一半高，蒸煮8分钟后，取出放凉，完成！

正餐营养添加

+　钙质　　125毫克
　　牛磺酸　200毫克

 鲜食小技巧

- 将西蓝花切得小一点，猫咪能一口咬下会更爱吃。

 猫奴特调

搭配酱油，清爽的鲜食简单吃最美味！

猫奴吃更美味，猫咪不能吃哦~

211

年年有金鱼

烹制指数

难易度：😺😺😺😺😺	备料：10分钟	烹煮：5分钟

    用鱼肉做成小金鱼形，让过年的餐桌上增添一抹可爱灵动的身影，年年有余给猫咪吃好料！蛋卷跟年年有金鱼进行了长久的搏斗，不想把手弄湿又咬不起来，最后还是乖乖地先把汤喝了，至于激不得的短裤，感觉像是得到了一份上岸的金鱼。

🥕 材料（一餐份）

胡萝卜 ……………5克
鲷鱼 ……………110克

🎯 建议份量

点心一份35克
正餐一份115克

📋 营养分析

热量：122千卡	
蛋白质：65%	
脂肪：29%	
钙：17毫克	
磷：184毫克	
水分：100毫升	

（一餐份）

217

✳ 跟着做 年年有金鱼

❶ 鲷鱼肉剁成泥，分成3份放在餐盘上，捏成小鱼的形状。

❷ 用胡萝卜切出鱼鳍和鱼尾形。

❸ 把切好的胡萝卜鱼鳍、鱼尾装饰在鱼肉上。

❹ 蒸盘放进锅内，倒进清水至盘子外一半高。盖上锅盖蒸煮5分钟，取出后放凉，完成！

正餐营养添加

 钙质　　185毫克
　　牛磺酸　200毫克

鲜食小技巧

- 蒸盘中不需要事先加水，利用锅内的蒸汽水分就足够了。
- 完成后的鱼肉会被水包围，猫咪有可能选择先喝水，也可能想把鱼捞出来，无论如何都能增加鲜食的游戏性，让猫咪吃饭更有乐趣。

猫奴特调

酱油调和乌醋作为蘸酱，切点嫩姜丝去除腥味，还能吃到鱼肉的鲜甜。

猫奴吃更美味，猫咪不能吃哦~

猫不醉鸡

烹制指数

难易度：🐾🐾🐾🐾🐾	🔪 备料：3分钟	☕ 烹煮：20分钟

　　猫咪也可以吃的醉鸡！当然是没醉的鸡，但是你会发现，醉鸡没醉也超好吃，做好切片时就能感受到软嫩的鸡肉口感，浓缩精华的鸡肉美味不需再调味，猫咪怎么吃我们不知道，因为我们还没切完他们就已经吃完了。

🥕 材料（单猫三餐份）

带皮鸡腿肉·········220克
铝箔纸 ·············· 1张

⊙ 建议份量

点心一份15克
正餐一份77克

📄 营养分析

热量：115千卡	
蛋白质：47.1%	
脂肪：49.8%	
钙：3毫克	
磷：110毫克	
水分：65.6毫升	

（一餐份）

221

✖ 跟着做 猫不醉鸡

❶ 将鸡腿肉放在铝箔纸上，卷起铝箔纸并将两端封好。

❷ 在锅内倒满清水大火煮至冒泡，放进鸡肉卷烹煮10分钟后翻面继续，共煮20分钟。

❸ 取出鸡肉卷放进冷水内浸泡3分钟（如果方便，再冷藏2个小时）。

❹ 将铝箔纸打开，取出鸡肉卷，切成1厘米宽的肉片，完成！

正餐营养添加

+ 钙质　　120毫克
　　牛磺酸　200毫克

鲜食小技巧

- 尽量将鸡肉包得越紧实越好，更能封住鸡肉完整美味。
- 这种烹制方式能保留食材水分与营养，让猫咪完整吸收！

猫奴特调

撒点盐，原味最棒！

猫奴吃更美味，猫咪不能吃哦~ ⏳

猫咪好彩头

烹制指数

难易度：	备料：8分钟	烹煮：20分钟

　　自然清甜的白萝卜，可帮猫咪补充丰富的水分。丰富的纤维也将猫咪的肠胃好好打扫一番。替新的来年祈求更多的好彩头。这道鲜食会用到游戏性的手法，蛋卷为了吃到鸡肉就先吃了很多白萝卜，而不会中招的短裤则是精准地把鸡肉挑出来，后来他的白萝卜也被蛋卷吃掉了。

材料（一餐份）

去皮鸡腿肉

（剁成泥）……85克

白萝卜……200克

建议份量

点心半颗45克

正餐两颗180克

营养分析

热量：120千卡
蛋白质：64％
脂肪：24％
钙：32毫克
磷：138毫克
水分：170毫升

（一餐份）

225

✕ 跟着做 猫咪好彩头

❶ 将白萝卜削皮后切成两段，约5厘米高。

❷ 用汤匙在萝卜中间挖一个凹槽，挖空中间部分后一份约50克。

❸ 把鸡腿肉剁成泥并分成两份，分别放进两个白萝卜凹槽内。

❹ 放上蒸盘入锅，倒入清水至蒸盘一半高。盖上锅盖蒸20分钟，取出放凉，完成！

正餐营养添加

 钙质　　125毫克
牛磺酸　200毫克

鲜食小技巧

- 挖白萝卜时注意鸡腿肉分量，尽量能装进所有鸡腿肉。
- 白萝卜会吸收鸡腿肉的肉汁，猫咪很喜欢。

猫奴特调

撒点盐，品尝浓缩的白萝卜与鸡肉滋味。

猫奴吃更美味，猫咪不能吃哦～

营养满点——
一周食谱帮你配

　　我了解、我了解……要决定每天帮猫咪做哪道鲜食，就跟决定晚餐要吃什么一样困难。这里帮您整理了一周的菜单！平均分配鸡肉、牛肉与海鲜，适当的鸡蛋摄取，每天选一道或跟着建议排序，让猫咪吃得多样又均衡！

	第 1 周	第 2 周	第 3 周
周一	蛋卷的蛋卷	月半猫烧	猫的恐龙蛋
周二	菜丸子	麦克猫鸡块	猫式萝卜糕
周三	海岛浓汤	猫的罗宋汤	暖暖浓汤
周四	大猫肉排	满满牛肉卷	甜甜骰子
周五	黄瓜与虾	小花圃煎饼	鱼包蛋
周六	哞哞番茄	大根水饺	猫珍珠丸
周日	地中海沙拉	小绿沙拉	奶味夹心

附录

一、猫咪热量需求表

猫咪状态特性	每日热量需求 / 千卡
1 岁以下幼猫 1 千克	175
1 岁以下幼猫 1.5 千克	237
1 岁以下幼猫 2 千克	294
1 岁以下幼猫 2.5 千克	348
1 岁以下幼猫 3 千克	398
已结扎成猫平均 3 千克	192
已结扎成猫平均 4 千克	228
已结扎成猫平均 5 千克	264
已结扎成猫平均 6 千克	300
已结扎成猫平均 7 千克	336
已结扎成猫平均 8 千克	372
已结扎成猫平均 9 千克	408
已结扎成猫平均 10 千克	444

备注：幼猫需要许多热量来应对成长需求，建议持续提供适合的饮食，让小猫少量多餐吃到饱！

二、肉类食材热量参考表

食材	分量	热量 / 千卡
去皮鸡胸肉	100 克	104
鸡腿肉（带皮）	100 克	157
鸡腿肉（去皮）	100 克	120
鸡里脊肉	100 克	109
鸡心	100 克	190
鸡肝	100 克	111
鸡蛋	1 个（约 50 克）	68
蛋黄	1 个（约 20 克）	61.6
鹌鹑蛋	1 个（约 8 克）	13.7

牛后腿肉	100 克	122
牛板腱肉	100 克	166
牛里脊肉	100 克	184
白虾	1 只（约 10 克）	103
三文鱼	100 克	158
鲷鱼	100 克	110
扁鳕	100 克	190

三、果蔬类、奶类、油类食材热量参考表

食材	分量	热量 / 千卡
胡萝卜	100 克	39
白萝卜	100 克	18
小黄瓜	100 克	13
西蓝花	100 克	28
甜椒	100 克	33
香菇	100 克	39
番茄	100 克	19
玉米笋	100 克	31
甘薯	100 克	121
马铃薯	100 克	77
南瓜	100 克	74
芝士	100 克	309
无盐奶油	100 克	733
橄榄油	100 克	884
鲜牛奶	100 克	62
无糖酸奶	100 克	97

图书在版编目（CIP）数据

猫咪的健康吃出来 / 好味小姐著. — 北京：中国轻
工业出版社，2020.10

ISBN 978-7-5184-2428-3

Ⅰ. ①猫⋯ Ⅱ. ①好⋯ Ⅲ. ①猫 – 饲养管理
Ⅳ. ① S829.35

中国版本图书馆 CIP 数据核字（2019）第 286469 号

责任编辑：贾　磊　　责任终审：劳国强　　整体设计：锋尚设计
责任校对：燕　杰　　责任监印：张　可

出版发行：中国轻工业出版社（北京东长安街6号，邮编：100740）

印　　刷：北京富诚彩色印刷有限公司

经　　销：各地新华书店

版　　次：2020年10月第1版第1次印刷

开　　本：720×1000　1/16　印张：14.75

字　　数：210千字

书　　号：ISBN 978-7-5184-2428-3　定价：58.00元

邮购电话：010-65241695

发行电话：010-85119835　传真：85113293

网　　址：http://www.chlip.com.cn

Email：club@chlip.com.cn

如发现图书残缺请与我社邮购联系调换

191225S6X101ZYW